人生就是小美好

夏与至 著

内 容 提 要

每一个平凡的日子都值得好好过，活在这珍贵的人间，生活明朗，万物可爱。本书是青年作家夏与至全新力作，围绕人生、成长、心态、爱己及爱人等重要课题，讲述平淡生活里的小美好。

这些故事就发生在你我身边，给疲于生活的你以人生指引，愿你步履不停，持续自我成长，活得尽兴，好好去爱，并始终相信人间值得，美好的事情即将发生。

图书在版编目（CIP）数据

人生就是小美好 / 夏与至著. -- 北京 : 中国水利水电出版社, 2021.11
ISBN 978-7-5226-0074-1

Ⅰ. ①人… Ⅱ. ①夏… Ⅲ. ①人生哲学－通俗读物 Ⅳ. ①B821-49

中国版本图书馆CIP数据核字(2021)第210307号

书　　名	人生就是小美好 RENSHENG JIUSHI XIAO MEIHAO
作　　者	夏与至 著
出版发行	中国水利水电出版社 （北京市海淀区玉渊潭南路1号D座　100038） 网址：www.waterpub.com.cn E-mail：sales@waterpub.com.cn 电话：（010）68367658（营销中心）
经　　售	北京科水图书销售中心（零售） 电话：（010）88383994、63202643、68545874 全国各地新华书店和相关出版物销售网点
排　　版	北京水利万物传媒有限公司
印　　刷	天津旭非印刷有限公司
规　　格	146mm×210mm　32开本　8印张　120千字
版　　次	2021年11月第1版　2021年11月第1次印刷
定　　价	49.80元

凡购买我社图书，如有缺页、倒页、脱页的，本社发行部负责调换
版权所有·侵权必究

第一章 人生就是小美好

* 人间值得，你也值得 / 003
* 完成自己的愿望清单，人生更丰盈 / 009
* 越是难熬的日子，越要好好生活 / 014
* 发现平淡生活里的小美好 / 019
* 人间烟火气，最是抚人心 / 025
* 平凡才是唯一的答案 / 030

第二章　不管几岁，请你喜欢现在的自己

* 不管几岁，请你喜欢现在的自己　/ 037
* 全力以赴，而后"佛系"生活　/ 043
* 过极简生活　/ 048
* 好好虚度时光　/ 053
* 请接受真实的我，无论我是谁　/ 058
* 人生没有白走的路　/ 063
* 静下心沉住气，耐心等待结果　/ 068
* 无论你做怎样的选择，最后都会有遗憾　/ 073

第三章　长大，就是不断得到与失去的过程

* 难过的时候，允许自己哭一会儿　/ 081
* 我会怀念此刻的我们　/ 085
* 长大，就是不断得到与失去的过程　/ 091
* 爱而不得是人生常态　/ 096
* 失去的本质就是教我们慢慢学会接受　/ 102
* 平静地告别　/ 107
* 认真做好每一天你分内的事情　/ 113
* 活在此时此刻　/ 117

第四章　你的心态好了，人就不会累了

* 不再玻璃心　/ 125
* 人来人往，皆正常　/ 130
* 唯一不变的就是改变　/ 135
* 岁月不饶人，我亦未曾饶过岁月　/ 141
* 你才25岁，可以成为任何你想成为的人　/ 146
* 认真生活，过欢喜日子　/ 152
* 用心生活，向上生长　/ 156

第五章　祝你今天快乐

* 生活不在别处　/ 165
* 我们日常崩溃，却也习惯性自愈　/ 170
* 中年危机　/ 175
* 你想过怎样的人生　/ 181
* 所有的大人都曾是孩子　/ 187
* 悲伤的时候，请到图书馆　/ 192
* 祝你今天快乐　/ 199

第六章　活得尽兴，好好去爱

* 可以爱我少一点，但要爱我久一点　/ 207
* 爱是双向奔赴　/ 212
* 母亲的信："你要过得幸福，别活成我这样"　/ 217
* 我再也不是一个人了　/ 222
* 活得尽兴，好好去爱　/ 229
* 婚姻生活，且行且珍惜　/ 234
* 别总期望太高，人生就是如此　/ 239
* 在日复一日的平淡里，享受柴米油盐的乐趣　/ 245

Chapter 1

人生就是小美好

---○---

心满意足地享受小确幸，发现平淡生活里的小美好，一天天地过下去，总会等到柳暗花明的那天。

人间值得，
你也值得

/ 01 /

你认为一个温暖开朗的人心里，会不会有旁人看不到的隐秘角落，会不会有着无法言说的苦衷和秘密？

电影《阳光普照》里的阿文正是一个外表阳光却有着灰暗心事的人。《阳光普照》是一部基调很"丧"的电影，浓浓的阴郁系，讲述的是一个普通家庭的悲剧故事。

平凡的驾校教练阿文有两个儿子，大儿子阿豪聪明懂事，是深受老师同学喜欢的学霸，小儿子阿和却是不学无术的小混混，成天打架，惹是生非，俩儿子气质完全不同，简直是一个天上一个地上。

故事要从一个雨夜说起，小儿子阿和带着朋友菜头去教训一个欺负自己的小伙子，本来只是想吓唬吓唬他，可没想到菜头失手砍伤了对方，阿和因此被送进了少年辅育院，阿文家从此麻烦不断，头顶笼罩着阴云……

电影最触动我的是大儿子阿豪的故事，他只是里面的配角，戏份不多，但他的经历却让人泪目。

阿豪是父亲最疼爱的儿子，和弟弟的调皮叛逆不同，阿豪是一个品学兼优的学生，高大帅气，善良体贴，被家人和老师寄予了厚望。

阿豪对自己要求严格，因没考上理想的医学院而选择复读，在大家眼里，他明年必定能考上医学院，前途一片光明，可谁也不知道如此善良、优秀的他心里竟藏着一个无人知晓的秘密。

/ 02 /

阿豪曾和一个女生讲过司马光砸缸的故事。

他所讲的版本和课本不同，在他的讲述中，司马光执意砸碎水缸后，并没有发现落水的小伙伴，而是看到了藏在水缸暗处的自己。

当时女生并不理解这个故事的深意，直到后来的某一天，阿豪自杀，她才开始想到，阿豪口中的司马光可能就是自己。

阿豪跳楼是谁也没有想到的事情，他的父母为此接近崩溃，就连弟弟阿和也不敢相信，他觉得哥哥一生完美，没有缺点。

为什么阿豪这个看起来那么懂事、睿智、优秀的少年要以跳楼这种方式来结束自己的生命呢？

他究竟有什么想不开的？

阿豪的父母不懂，弟弟也没法理解，很多观众看到那一段情节也心生诧异，而我在阿豪朋友的回忆中，渐渐了解了他的想法。

/ 03 /

阿豪真的是一个非常懂事且温暖的孩子，他不想给家人添麻烦，所以临走前都要将房间收拾得整整齐齐。而在那之前的时间，他明明已经不用去上课了，却还是早早就出门，直到很晚才回来。

他从来没有和父母沟通过自己的真实想法，在家人眼中，他永远是那个不需要让人操心的、值得骄傲的、善良优秀的孩子。和瘦小叛逆、不受待见的弟弟形成了强烈的反差，以致父亲阿文在别人问到自己有几个孩子时，他总会说只有一个，那就是阿豪。

阿豪在大家的印象中都是很完美的一个人，就像太阳那般，温暖耀眼，没有任何阴影，也正因如此，他才活得很累，连一处庇荫角落都没有。

阿豪跳楼那天给朋友发的短信很戳我的心，短信中写道：

"这个世界，最公平的是太阳，不论维度高低，每个地方一整年中，白天与黑暗的时间都各占一半……我有一种说不清楚模糊的感觉，我也好希望跟这些动物一样，有一些阴影可以躲起来，但是我环顾四周，不只是这些动物有阴影可以躲，包括你，我弟，甚至是司马光，都可以找到一个有阴影的角落。

"可是我没有，我没有水缸，没有暗处，只有阳光，24小时从不间断，明亮温暖，阳光普照。"

/ 04 /

谁能想到阿豪这个明明是全家最明亮温暖的人会心生绝望？

世界上真的没有那么多感同身受，很多人都是戴着面具生活，用脸上的微笑来掩饰内心的痛苦。

我想起高中时代的班主任提到的一位大我几届的学姐，在所有老师的记忆里，她都是一个耀眼优秀的学生，懂事、聪明、认真就像是她的标签，所有人都对她寄予厚望，觉得她顺风顺水，前途无量。

学姐考上了香港中文大学，还拿到了全额的奖学金，老师们都以她为傲，可是后来的某天，突然传来噩耗，学姐在某天夜里自缢而亡。

有人说她学业压力太大，没法儿适应新环境，有人说她分了手，受了情伤，也有人说是家人一直逼迫她，给她施加极大的压力，让她患上了抑郁症……

没有人清楚那位学姐为何离去，老师们都在惋惜她，觉得她唯一做错的事情就是想不开。

现在的我想来，她可能也是一个藏在水缸里的人。

一直活在别人的期待中，哪怕身心俱疲，也还是要挣扎着努力，成为被人认同的太阳——她或许和阿豪一样看似明亮，内心里却背负着旁人不知的压力。

/ 05 /

很多人看完电影还是不明白，或者说根本不知道阿豪为什么突然跳了楼，有人说那是他太过脆弱。

就像很多人不能理解抑郁症患者一样，他们只会说："你有什么好难过的？不过是一点儿小事，至于吗？我要是你，我才不会想不开。"

他们不懂得，背负太多的期望是多么累的事情，那些压力犹如大山，压得人喘不过气，那些耀眼优秀的人，并不都活得一帆风顺。有时候家人也没法理解，他们渴望你成为太阳，却不曾看到你心中的阴霾。

很多糟糕的情绪都是慢慢累积起来的，最后在某一刻，突然燃起了火花，风一吹，就能熊熊燃烧，一发不可收拾。

很多人会误解，觉得压垮骆驼的是最后一根稻草，其实不然，压垮骆驼的可能不是稻草，而是一种无形又沉重的压力。

那些藏在水缸里的人，需要的是理解和包容，需要有人拥抱，需要有人安慰并告诉他们："没事的，你不用成为太阳。"

只要你乐意，不做耀眼的太阳，还可以做闪烁的星辰。

你不必活在别人的目光中，成为别人期待的模样。

如果你真的很累，很难过，很压抑，被各种压力逼得喘不过气，那么你不必勉强自己。

你真的不必一直痛苦地活在所有人的期望中。

希望你不要把所有的好都给别人，也要记得留一点儿给自己。你要好好努力，同时也别忘记善待自己。

人间值得，你也值得。

愿你有阳光照耀，也有暗处庇荫。

完成自己的愿望清单，人生更丰盈

/ 01 /

最近我看了一本绘本，它讲述了作者在得知自己即将失明后，努力熬过了那些悲伤绝望的时光，慢慢地乐观起来，通过列出自己的愿望清单，一步一步向前走的故事。

作者是不幸的，喜欢绘画和旅行，却偏偏有视觉障碍，一步一步坠向黑暗，好在她没有自暴自弃，而是珍惜还能看到光明的日子，并争分夺秒地去过生活，将自己的愿望清单用行动一个一个地实现。

她与多年前闹过矛盾的朋友和解了；去了喜欢的城市旅行；在网上发布自己的绘画作品；凑钱租下了一间房子，成立了自己的工作室，并将其装修成理想中的样子，还出版了一本自己的书，鼓舞了很多读者……

作者在书里说，虽然自己遭遇了不幸，但她并不埋怨这个世界，纵使有朝一日她的生活会陷入无限黑暗中，那她也要在那一天来临之前，尽情地做自己喜欢的事情，快快乐乐地活在当下。

/ 02 /

我的一个朋友小笛，她是那种特别热衷于做规划的人，每年都会列出自己的愿望清单，并努力去实现它们。

她很喜欢旅行，她的愿望清单总少不了旅行，她计划一年至少旅行4次，如果时间允许，她会利用长假来一次出国旅行。

小笛不是在做白日梦，她知道旅行不仅需要时间、精力，还需要不少钱，所以她卖力地工作，还做起了副业，省吃俭用，开源节流，她费尽心思地攒下旅行资金。

小笛有一个梦想账户，每个月都会定期存下一笔钱，用于日后实现她愿望清单上的一系列计划。

小笛有毅力也有耐心，不仅勤奋还努力，她信誓旦旦要完成的事情最后基本都做到了：

她工作稳定，有不少存款；她的海外游从泰国开始，再到越南、老挝、韩国、新加坡、日本、新西兰；她每次旅行都特别开心，收获颇多，觉得自己的身体和灵魂都始终在路上……

/ 03 /

我很佩服小笛的一点是,她想到就做,不管过程有多艰难,她都能咬着牙坚持下去,直到实现自己的愿望。

她和我说:"如果你真的很想做一件事,那么不要犹豫,也不要等,赶紧行动,人一定要有自己的愿望清单,这样才有目标和方向,才能持续不断地努力。"

想起我认识的不少人,他们也会在新的一年写下满满当当的新年计划,比如减肥,坚持健身,到海外旅行,谈场恋爱,存够房子的首付……

这些都是他们无比美好的愿望,可年复一年,它们中的大多数还只是愿望,没有实现。

你若问他们为什么那些愿望清单上的事情大多没有完成,他们的理由都不尽相同。

他们会说自己很忙,没时间去做,会说那些愿望不切实际,甚至会将今年的愿望拖到明年,明年复明年,最后彻底成为一个个虚无缥缈的梦想。

/ 04 /

想起作家刘瑜的一段话:"每个人的心里,有多么长的一个清单,这些清单里写着多少美好的事,可是,它们总是被推迟、被搁置,在时间的阁楼上腐烂。为什么勇气的问题总是被误以为是时间的问题,而那些沉重、抑郁的、不得已的,总是被叫作生活本身。"

我相信你的心里也有一份属于自己的愿望清单吧,可是你有真正付出行动,努力去实现那些愿望吗?

你有改变生活的勇气和毅力吗?

如果你只是空想,那么愿望再美好也永远不会实现。

每个人都需要有自己的愿望清单,但光拥有清单没用,你需要全力以赴、踏踏实实地行动,才能让一个又一个愿望成真。

要想美梦成真,第一步就是先醒过来,**有些事,你现在不做,以后永远也不会再做了。**

你想瘦身成功,那就先控制饮食,坚持锻炼;

你想考研成功,那就定好目标,专心复习,认真备考,全力以赴;

你想升职加薪,那就不断学习充电,积累经验和人脉,提升自己的能力;

你想去旅行,那就努力攒钱,做好准备,提前做好旅行攻略……

写下愿望清单,并不代表里面的所有目标你都能实现,你需要付出行动,不断努力,才能一个个实现那些愿望。改变需要过程,更需要勇气,从你下定决心要做好一件事情时,你的生活已在悄然发生变化。

愿望清单里的愿望或许你永远也没法儿完全实现，但当一年过去，你回过头翻看自己的愿望清单时，那些早已实现的愿望会让你心满意足，得到满满的成就感。

在不知不觉间，你已收获了许多，生活有了改变，自己也成了一个比之前更美好的人。

越是难熬的日子，越要好好生活

/ 01 /

去年有一段特殊时期，很多人宅在家里都憋得发慌，心情烦闷，吃不香也睡不好，每天都在担忧未来，焦虑不安。

有人在为工作发愁，有人在为学业苦恼，有人在为房贷、车贷焦虑，也有人心态平和，保持乐观，在困难之中依旧想尽办法克服障碍，努力前行。

在困难之中，你的生活过得如何取决于你保持着怎样的心态，采取什么样的行动。

朋友圈里有不少人受到影响，整个人状态都不是很好，忧心忡忡的，成天宅在家里，闲得发慌，不是追剧、刷视频，就是玩儿手机、打游戏，一天里大部分时间都用来娱乐消遣。

虽然他们的生活方式看似放松，但他们心里并不好受，既讨厌无所事事的宅家生活，却又无力改变现状。

/ 02 /

我很佩服朋友圈里的一种人，他们宅在家里，除了不能出门上班，生活照旧过得充实，哪怕没有人监督，他们照样坚持自律，自律对他们而言不是枷锁，而是一种习惯。

小琳宅在家里的这些天里，每天早起做运动，平板支撑、健美操、瑜伽、跳绳她一样也没落下，很多人都抱怨宅在家里容易长胖，可小琳非但没胖还因为坚持锻炼和控制饮食，瘦了几斤，体态愈加匀称。

小琳平时下了班都会去健身房运动一个多小时。被迫宅在家里的日子，虽然她的家里没有健身房那么多的专业设备，但她也没闲着，利用家里有效的条件锻炼身体。她说："运动是需要坚持一辈子的事情，不能荒废，要想保持良好的身材，就必须自律！"

在小琳看来，没有自律的生活迟早会失去控制，可怕得很。

我的公众号后台收到不少学生的私信，其中大多数都是高中生，他们感叹在家里上网课很难受，憋得慌，自学效率也不高，很担心自己的成绩会下降，还有应届毕业生特别发愁，觉得再不开学，高考就没有任何指望了。

/ 03 /

然而，并不是所有的学生都这么焦虑担忧，哪怕在家上网课、自学，有一部分学生也像往常一样，保持正常的节奏，自律专注，认真复习。

而一些人则特别敷衍地上网课，无心学习，作业不想写，题目不想做，没有了老师的监督，他们便放飞自我，得过且过，一有空就闲聊、追剧、玩儿游戏，内心虽有不安，但还是怎么"舒服"怎么过。

那些敷衍了事的人现在不急，等开学了，要交作业、要考试了，就会慌张失措，懊恼不已，而真正努力的人不动声色，在大部分人都松懈的时候，他们仍高度自律，知道自己该做什么，功课学业一点儿都没落下，学习不断进步。

罗伯特·M.波西格写过这样一段话：我们常常太忙而没有时间好好聊聊，结果日复一日地过着无聊的生活，单调乏味的日子让人几年后想起来不禁怀疑，究竟自己是怎么过的，而时间已悄悄溜走了。

/ 04 /

如果你现在感觉生活是枯燥无聊的，那么你该好好找找自己的原因，毕竟生活是你选择的，或无聊或充实，全凭你的心意，怪不了别人。

认识的一位作者朋友宅在家的这段时间，从不在朋友圈里抱怨，她保持着良好的生活作息，早睡早起，不熬夜，不消极，也不虚度时光。

她每天都坚持写稿，就像往常一样，认真工作，今日事今日毕，从不找任何理由拖延。

她和我说在家办公其实也挺好的，清净悠然、无人打扰，她很快就适应了。在这段时间，她写了不少文章，不仅完成了书稿，还写起了新的长篇小说，在别人都感叹在家难受的时候，她悠然自得，收获满满。

我向她询问在家办公的技巧，她回我："心态很重要，你不要胡思乱想，而要保持正常的节奏生活，在别人懈怠的时候坚持自律，你就能比别人前进一步。"

想想还真是，如果你在这段时间里无所事事，消磨时光，那么最后你不会有半点收获，只会一个劲儿地抱怨吐槽，懊恼难过，看着别人快速成长，你只能羡慕，内心更加焦虑。

别给未来的自己添堵，别再怨天尤人、浑浑噩噩地生活了。你现在所走的每一步，所做的每一件事，都会影响到你的生活和未来。

治愈焦虑最好的方法是坚持行动，如果你什么都不做，那么就只能停滞不前。

很喜欢苏芩的一段话："如今我已经学会了在痛苦时尽量地

吃饱饭、泡个澡、早点睡觉。

"不是我活得没心没肺,而是我知道痛苦不会自己消失,它会长久顽固地横在我面前,必须保持精力,才能跟难熬的日子对抗到底。"

不要被眼前的困难吓倒,也不要消极怠工,自暴自弃,越是难熬的日子,你越要保持乐观,不断前行,你得自律、勤奋、努力,不然你的生活不会变得更好,只会越过越糟。

记住,越是难熬的日子,越要好好生活。不被困难打倒的人,才能站到更高的地方,看到更壮阔的风景。

发现平淡生活里的小美好

/ 01 /

每到年末，总觉得时间转瞬即逝，好像这一年都没做成什么事情，可转眼间我们就要与今年挥手告别，迈向新年了。

年末适合总结复盘，梳理过往的时光，整理当下的生活，看看自己在这一年里究竟做了哪些事儿，有什么体验、收获和感悟，也好为明年做准备，制定更明确的计划。

回顾这一年的日子，你不妨在心里问自己几个问题。

你新年许下的愿望都实现了吗？

你年前制定的计划完成了多少？

你在这一年有长进吗？有哪些变化？

这一年，你成为你渴望成为的人，过上想要的生活了吗？

这些问题一一回答下来，你的真实感受如何？

是遗憾、无奈、焦虑，还是平静、满意、欣喜？

无论如何，过去已成过去，没法改变，你内心再纠结也毫无益处，倒不如调整心态，把握住当下的时光，趁还来得及，尽早去做那些未完成的事情，别再让今天成为充满遗憾的昨天。

/ 02 /

进入12月后，天气明显变冷了，寒冷的冬天步步紧逼，让我开始怀念夏天的炽热美好了。

冬天最让我受不了的不是那凛冽的寒风和一直下降的气温，而是连绵不绝的南方阴雨天气。

上个星期，一连下了七天的雨，细雨、小雨、中雨轮番登场，路面湿漉漉的，积着水，天灰蒙蒙的，阴云密布，白天和中午都像是傍晚，把人的心也笼罩上了一层阴霾，低气压让人难受，心情抑郁。

在这样的天气中，一遇到什么烦心事，我都会特别头疼，将那些糟糕的事情无限放大。

看着不停下着的冷雨，我一直在默默祈祷：别下了别下了，天气冷我可以接受，但也别一直下雨啊。

然后在心里努力地开解自己，不要胡思乱想，阴天也要放宽心，阴天也要快乐。

好在这周天气就好多了,没有下雨,但依旧有阴天,有一天是晴天,我看到阳光照耀着大地,很是兴奋,冬日的暖阳如此难得,它让我心情大好。

沐浴在温暖的阳光下,慢悠悠地散步,我感觉整个世界都变得温柔许多了。

/ 03 /

生活的烦恼总是不间断的,我们早已习惯。

不再像之前那样叹气、吐槽、抱怨,开始接受、面对,并努力想办法解决那些问题。

我不想总是叹气,害怕把好运给赶走。

怨天尤人没有用,一味逃避也解决不了问题,你总归要面对一切,生活总是要往前看的。

我偶尔刷刷微博或豆瓣小组,看看别人发的帖子,感觉不少人这段时间生活得不怎么如意,有人失了恋,有人失了业,有人离了婚,有人考研失利,还有人生了重病,烦恼接踵而至……

世间之事十之八九不如意,便是如此。

好在还有一二小美好,虽然微小细碎,但那些小确幸同样值得开心。

朋友圈里,有人和喜欢的人在一起了,有人拿到了驾照,有人考研成功上岸了,有人找到了心仪的工作,有人找到了另一半，有人终于买了房……

曾经失落过，沮丧过，痛苦过，所以发现那些好的瞬间都特别珍贵，我们应该尽量放大它们，而不该将注意力全都集中在那些困扰我们、让我们难受的糟糕事情上。

/ 04 /

这一年，或许你过得不是特别顺利，或许你处境煎熬，经历了不少糟心的事情。

但希望你不要一直沮丧难过，不要垂头丧气，不要被困难吓倒，那些曾经让你痛苦不堪的事情，都会过去的。

不管好的坏的，一切都会过去的。

现在的你回过头来看，当初那些烦心事不是都过去了吗？你已经在那些困难中挺过来了。

你好好地走到了今天，这已值得庆幸。

生活还在继续，我们在一边解决问题的同时，一边向前看，努力前行吧。

很喜欢蔡澜的一段话："今天活得比昨天高兴，明天又要活得比今天高兴，就此而已。这就是人生的意义，活下去的真谛。只要有这个信念，大家都会由痛苦和贫困中挣扎出来。"

冬天虽然寒冷难挨，但也有很多值得期待的事情，比如有好几部我想看的电影要上映了，圣诞节、元旦就在不远处了，火锅局和朋友聚餐开始安排了，新年跨年活动也不远了……

听过这样一段话：每个人都会有一段无比艰难的时光，生活的压力，工作的失意，学业的压力，爱得惶惶不可终日，挺过来的，人生就会豁然开朗，挺不过来的，时间也会教你，怎么与它们握手言和，所以不必害怕。

我在马特·海格的书里看到这么一个观点，感觉很有意思。

"那些糟糕的日子虽然恐怖，很难熬过去，但日后却可以派上用场。你把它们存起来，建立一个糟糕日子银行。等到你遇到下一个糟糕日子，你就可以说，好吧，今天有够糟糕的，但之前还有比这更糟糕的日子。即使今天是你经历过最糟糕的日子，至少你知道银行还在那里，你至少存了一笔。"

当你感觉生活一塌糊涂、异常艰难的时候，不妨这样想，这些经历都是一笔财富，它们会在某天发挥作用，人生没有白走的路，每一步都算数，我们当下能做的，是接受这一切，勇敢面对，好好生活。

最难的时候，你不要想着遥远的将来，你就想着熬过今天，熬过今天就是解决一切难题的咒语。

生活还是有很多盼头的，它们就像夜空中的星星，不断闪着微光，让我有勇气前行，感觉生活不再那么无聊孤单。

你要相信，只要活着，美好的事情每天都在发生。

不久以后就是圣诞、跨年、烟花、新年、春节，还有冬天的第一场雪，这些温暖的美好，都会如期而至。

心满意足地享受小确幸，发现平淡生活里的小美好，一天天地过下去，总会等到柳暗花明的那天。如果日子很苦，那就自己加糖，努力让生活甜起来。

　　我们一边走一边等吧，不焦虑，也不迷茫，脚踏实地过好每一天，好好活着，相信那些美好又温暖的事情，总有一天会到来的。

人间烟火气,最是抚人心

/ 01 /

旅行时我有一个习惯,那就是一定要去一座城市的美食街、菜市场或夜市逛一逛,我一直觉得想要感受到城市的烟火气息,去博物馆、展览馆和知名景点还不够,你必须走街串巷,深入美食街,去感受当地的风味人情和生活日常。

我每次到一座陌生的城市,总是会想方设法留出一些时间,去逛逛当地有名的美食街或夜市。我很喜欢逛人潮拥挤的小吃街,一边散步一边吃当地的特色美食,越热闹的地方,越有烟火气,那种散发着美食诱人气味的满足感让我陶醉其中,流连忘返。

锅贴、生煎包、炸串、奶茶、炸鸡、臭豆腐、梅花糕、牛轧糖、冰糖葫芦、铁板鱿鱼、鸡翅包饭……那些叫得出名字或叫不出名字的小吃，热气腾腾，香气四溢，哪怕得排长队，我也愿意等待。

在陌生的街头，吃着热乎乎的小吃，大快朵颐，悠哉游哉地欣赏美景，心满意足，可谓是一大享受。

如果旅行时缺了这个行程，那么我总会觉得这一趟少了点儿什么，玩得不够尽兴，不够痛快。

当地的景点要去逛，美食街和夜市也必不可少，因为在那样热闹的地方，我最能感受到人间烟火气。

/ 02 /

我平时很喜欢逛超市和菜市场，尤其在我伤心难过的时候，这就成了我解压放松的方式之一。

超市里，总少不了来来往往的顾客，我喜欢从头逛到尾，从牛奶区逛到饮料区、零食区、水果区和卖菜区，无论是大超市还是小超市，都有着一种神奇的魔力，使我脱离无聊又枯燥的生活泥沼。

我很享受逛超市和菜市场的感觉，货架上摆放整齐的蔬菜、水果和肉类，让我心情愉悦。

绿油油的带着水珠的新鲜韭菜、白色的花菜、紫色的茄子、翠绿的苦瓜、又大又圆的南瓜、黄灿灿的玉米棒、鼓鼓的青椒和红椒、切好的冬瓜、红彤彤的朝天椒……一边挑选蔬菜，一边盘算晚餐要做点儿什么，心情悠然又惬意。

逛逛散发果香的水果区，同样很不错：鲜亮红透的草莓、橘色的橙子、黄色的香蕉、翠绿的西瓜、个儿大的雪梨、饱满的荔枝、奇特的榴莲、暗红的火龙果、淡绿色的哈密瓜和番石榴……

每回逛完菜市场和超市，我总是满载而归，拎着装有蔬菜、肉类和水果的袋子，开开心心地回家去。

/ 03 /

对我来说，生活里最简单的幸福就是去超市或菜市场买菜和水果，然后悠悠地回家，煮饭、做菜，慢慢享用自己做的美食。

自从我一个人住以后，我不再频繁地点外卖，如果时间允许，我会自己买菜做饭。

动手做饭对我来说不是一件特别麻烦的事情，相反，在我看来自己下厨也是一件充满乐趣的事情，试想一下，你亲自挑选食材、择菜、洗菜、烹饪，花了一个小时终于做出了晚餐，那是一件多么有成就感的事。

吃到自己亲手做的饭菜，总是很容易满足的。

因为那是你的劳动成果，饱含你的汗水和时间。下厨的时光，并不枯燥乏味，在我眼里，连等待的时光都格外悠闲。

看着锅里的食物慢慢变化，白色的水蒸气萦绕在上空，厨房散发着食物的香气，洗好的碗筷就摆在饭桌上……

这样的场景,充满了朴实又温馨的生活气息。

如果实在没有时间去逛超市和菜市场,那我就会煮一碗荷包蛋泡面吃。煮面很简单,等水烧开,就加入面,打个鸡蛋,盖上锅盖,煮上三分钟,最后加上适量的酱料调味,再撒一点儿葱花点缀,就能起锅了。

荷包蛋泡面看着简单,味道还不错,一边吃着热乎乎的汤和面,一边追剧或看动漫,暖胃又暖心。

/ 04 /

到了冬天,买菜做饭变成了一件格外温暖的事情。

火锅是冬日里必不可少的料理,吃火锅对我而言,也是一件仪式感满满的事情。我会在闲暇的周末,去家附近的超市或菜市场逛一逛,挑选一些火锅食材,譬如牛肉丸、鱼丸、肥牛卷、豆腐、鸭血、青菜、玉米、冬瓜、豆皮、萝卜、蟹柳等。买菜回家后,就开始处理食材,时间不会太久,煮火锅简单又方便,直接将火锅底料放入锅中加水煮沸,再放入洗干净的食材,就可以耐心等待了。

我常吃的火锅蘸料也很简单,有两种,分别是酱油蒜末香菜碟和辣椒粉加蚝油碟,蘸着酱料吃,又辣又过瘾。

冒着热气的火锅里,漂浮着鼓鼓的丸子、熟透的青菜、玉米和肥牛卷,香气扑鼻,一个人吃火锅,也能吃得很开心。

火锅食材买得多了，还可以分两顿吃，我向来觉得一个人也要好好吃饭，一个人在家吃火锅不会寂寞。如果碰上周末或节日，我还会叫些熟悉的朋友来家里吃饭，热闹又开怀。

就像日剧《孤独的美食家》里说的那样："短时间内变得随心所欲，变得'自由'，又不被谁打扰，无所介怀地大快朵颐，这种孤高的行为，正可谓是平等地赋予现代人的最佳治愈。"

总有人说生活单调乏味，可在我看来，**生活处处都有小确幸，难过的时候，不妨逛逛超市和菜市场，买些食材回家做饭煮菜，别怕孤单，一个人的日子照样能过得热气腾腾。**

这些生活碎片，琐碎平淡，却也治愈，每当想起这些时刻，我就感觉生活充满了简简单单的温暖。

不管之前的生活多么灰暗，都能重新振作起来，恢复元气，继续笑着走下去了。

人间烟火气，最是抚人心，美食与爱最是不可辜负。

平凡才是唯一的答案

/ 01 /

有这样一个很有意思的话题:"终其一生只是一个平凡的人,你会后悔吗?"

刚看到这个话题时,我的脑海里就蹦出一个大字:会——是的,如果终其一生只能活成一个平凡的人,那么我想必是会后悔的。

那种后悔不只是在生命最后一刻才感觉到,而是遍布生活的空隙,想要豁达一点儿,潇洒一点儿,大方地说出那一句"我从不后悔"真的太难了。

过去我常常后悔,后悔当初选了理科,后悔高考填志愿时没有深思熟虑,后悔过去的自己不够努力,没有把握时机,错过了很多机会——每当遇到不如意之事,觉得眼前的困境是由于过去的选择造成时，我总会进行一番设想。

如果当初我做了另外一个决定，现在的我是不是会过上不一样的生活？

/ 02 /

朴树有首流传很广的歌《平凡之路》，歌词里有一段："我曾经跨越山河大海，也穿过人山人海，我曾经拥有着一切，转眼都飘散如烟，我曾经失落失望，失掉所有方向，直到看见平凡，才是唯一的答案。"

很多人都对这首歌特别有感触，相信平凡才是人生真正的答案，可是细想起来，朴树本身就不平凡，他歌里唱的也是"跨越了山河大海，穿过人山人海"，"曾经拥有着一切"，他历遍山河才觉得平凡可贵，而那些连山河都没看过的人，又怎么体会他的不凡？

想起许多年前的语文课，有道特别经典的命题作文，叫《我的梦想》，班里大部分同学的梦想都特别高级，比如：科学家、医生、企业家、明星、宇航员，每个人都渴望成为一个不一样的人。

没有多少人愿意成为一个普通人，我们内心都是隐隐约约地希望自己是与众不同的，是天选之子，是宇宙中最特别的存在。

可为什么长大之后，我们开始慢慢接受自己只是一个普通人的设定，不再那么执着于追求不平凡？

/ 03 /

大概是现实太残酷了,要成为一个不平凡的人实在太难了。

在中学时就被各种数理化难题折磨得死去活来,但我的学霸同学却能轻松地考出高分;每次体测都感觉跑一千米是个难关,但总有人跑得又快又稳;我还在生活里单枪匹马、突破重围时,别人早已解锁了人生新的关卡——生活总有人比你厉害、比你优秀、比你特别,和那样的人站在一起,总是要自愧不如的。

有时候总觉得自己是一个普通人,是放在电视剧里都活不过一集的路人甲,可我小时候却认为自己才是主角,是被上天选中、天赋异禀的少年,是命中注定的英雄。

长大后,碰了很多壁,摔倒了很多次,才终于明白,自己或许不是最特别的那个人,平凡才是我的特质。

不只是我,大部分人都是这样的,并不是所有人都是哈利·波特,大多数人苦等许久也等不来猫头鹰和那封霍格沃茨魔法学校的录取通知书。

大家都是看不见魔法的麻瓜,只能在世俗里艰难谋生。

但即使知道自己的平凡,我们还是不甘心就这样生活,所以我们努力向前,不断改变,希望有那么一天,自己能离那遥不可及的梦想近一点,成为一个闪闪发光、了不起的人。

/ 04 /

平凡的人生就不值得一过吗？

不，平凡的生活没有什么错，只看你是怎么选的。

如果你真的喜欢那种平淡无奇的生活，并享受那样的时光，那么大可活在当下，这没什么不好的。

事实上，很多人拼尽了全力，才换来了一个平凡的人生——这才是最"扎心"的生活真相。

要知道，金字塔顶尖的人寥寥无几，不可能每个人都能实现梦想，功成名就，拥有一切。

很多人都想成为那最耀眼的1%，可大多数人终其一生，用尽全力，却还是活成了普普通通的99%的平凡人。

平凡有错吗？没错。

追求不平凡呢？同样没错。

如果你喜欢那种简单却平凡的生活，当然很好，但你要想成为一个不平凡的人，就必须拼尽全力，为了梦想披荆斩棘，不顾一切。

没人能告诉你，你坚持下去就可以实现梦想，就能成功，不是努力了就有回报，不是你付出就能得到想要的东西，你可能会受挫，会被现实打击，会遭遇痛苦和失败。

如果你甘之如饴，那就继续奔跑，努力向前。

过平凡日子不可怕，可怕的是你未经努力，空有幻想，一边生活一边后悔，一边虚度光阴一边羡慕别人，到最后只剩下满满的不甘。

/ 05 /

成为一个不平凡的人，很难，但希望你不要害怕，也别轻易放弃，因为你迟早有一天会后悔。

不管怎样，你总会后悔，因为得到了，或者没得到。

生命里充满着各式各样的遗憾，说完全没有后悔怕是假的，那既然早晚都要后悔，为什么不努力去做一些自己喜欢的事情，去坚持一个自己渴望实现的梦想？

生命中的无限可能，都需要你努力去挖掘。

村上春树曾这样写道："我或许败北，或许迷失自己，或许哪里也抵达不了，或许我已失去一切，任凭怎么挣扎也只能徒呼奈何，或许我只是徒然掬一把废墟灰烬，唯我一人蒙在鼓里，或许这里没有任何人把赌注下在我身上。无所谓。有一点是明确的：至少我有值得等待、有值得寻求的东西。"

如果终其一生你也只是一个平凡的人，那么不要叹气，至少你已经努力过了，认真坚持了自己想做的事情，你或许会留有遗憾，会不甘心，但真正努力过，你就不会那么后悔。

第二章
Chapter 2

不管几岁，
请你喜欢现在的自己

———◇———

人生是一场有去无回的旅行，没有哪个特定的数字会决定我们奔跑的速度和停下来的时刻，愿每个年龄都能葆有活在当下的勇气。

不管几岁，请你喜欢现在的自己

/ 01 /

你是不是曾在年少时多次幻想长大后的生活会是怎么样的——20多岁时你大学毕业，进入不错的公司，有了稳定的工作和还不错的薪水，然后顺利地谈恋爱，买车买房，迈进婚姻殿堂，30岁时你有了美满的家庭，一家人平安喜乐，幸福温馨，40岁时你的生活悠然自在……

然而，等你真正长大后，才发现小时候的幻想太不切实际了，生活没有幻想中那么美好，这个世界永远都在变，要想活成理想中自己的模样，真的很难。

如果成为大人的你，发现现在的自己不是当初渴望成为的模样，你会不会感到很沮丧，觉得自己一事无成，生活过得糟糕透顶？

现在的人很容易焦虑,快30岁还没结婚就会被家人逼着去相亲,以及三四十岁的中年危机。仿佛你只要一事无成,没有活成别人期待的模样,你的生活就是糟糕不堪的,整个人生就是无比失败的。

/ 02 /

我们为什么那么执着于追求那些大多数人认可的生活呢?

难道只有活成别人期待的模样,过上千篇一律的稳定生活,我们这一生才会圆满幸福吗?

我在一部电视剧《俗女养成记》里找到了这个问题的答案。

《俗女养成记》是一部独立女性的成长史,它讲述了被人称作大龄剩女、loser陈嘉玲的故事。

39岁的陈嘉玲,没房、没车、没老公、没小孩,她家境一般,长相平凡,虽然有着一份稳定的工作,但那份工作并没什么值得炫耀的。

作为董事长特助的她,更像是老板的私人保姆,成天为老板处理一大堆鸡毛蒜皮的小事,同时接受老板太太的命令,监管老板的举动,周旋在这些人之间,她活得很累,甚至还被刚入职的新人吐槽工作没前途。

陈嘉玲和男友恋爱了四年,两人同在一个屋檐下,看似亲密,但两人的爱早已变淡,没有了最初的激情。

在一场婚礼上,她被人吐槽快40岁了还没有结婚,就连喝醉酒了也被朋友嘲笑"20岁喝醉酒是可爱,40岁喝醉酒是可怜"。

喝醉后的她一时冲动便向男友求了婚,结果发现其实结婚并不是她真正的心愿。

男朋友的母亲非常强势,她不喜欢陈嘉玲穿暴露的婚纱,自作主张为她选了一件保守且难看的婚纱,挑选新房后,她还自作主张,找人规划,一切都是她说了算。

陈嘉玲想到未来要和这样强势的婆婆生活在一起,就感到崩溃窒息,无法忍受。

/ 03 /

更让陈嘉玲烦恼的是工作上遇到了突发状况,她陷入尴尬又为难的困境,一时冲动地朝老板发了火,将工作时积压的不满一口气说了出来。

然后,她大声地说自己不想干了,辞职后转身离去,不再继续忍气吞声地挣扎。

男朋友为了给她惊喜,请来朋友向她正式求婚,可在求婚那一刻,陈嘉玲却突然拒绝了男朋友,说她不想和他结婚了。

一夜之间,陈嘉玲似乎失去了一切,没有了工作和爱情的她仿佛一无所有,落魄不堪。

享受过短暂时间的自由后,她开始慌了,开始寻找工作机会,却屡遭拒绝,她有些自暴自弃,觉得再也没有公司愿意栽培她,40岁的她想要结婚也没有心力再去重新建立一段新的感情了。

为了治愈自己,她回到了乡下老家,想要找寻另一处出口。

《俗女养成记》很打动我的地方是,它每一集都穿插着陈嘉玲童年的回忆,过往记忆里,搞笑、质朴、纯真、温暖、充满爱意,非常治愈。

陈嘉玲家里并不富裕,但有着十分疼爱她的家人:会发火的妈妈、有趣的爸爸、疼爱她的爷爷和逗趣的奶奶,她曾见过姑姑悔婚,也听过奶奶的训导:"想得越多越难嫁,越晚嫁就嫁越差。"

小时候的她普普通通,和多才多艺的表姐比起来,她一点儿都不淑女,妈妈为了让她变得更优秀,牺牲了爸爸想要买车的愿望,花大价钱给她买了架钢琴,还成天逼着她练琴,希望她学有所成。

可是陈嘉玲并不是弹钢琴的料,家人没有继续逼她,而是让她快乐地成长,哪怕她后来选择去大城市读书、工作,家人也都非常支持她。

可以说,陈嘉玲有一个幸福的童年,每当她遭遇不幸,感到痛苦时,她都会被童年往事一点点治愈。

/ 04 /

陈嘉玲回到老家后,心态发生了很多改变,在奶奶去世后,她终于明白奶奶曾经的心愿:她渴望自由自在,渴望活成自己,而不是成为某人的老婆、妈妈、婆婆和奶奶。

奶奶葬礼之后,她重回城市参加一场重要的面试,她发挥得不错,面试官都很看好她,那个职位对她来说十拿九稳。

可当她听到面试官问她:"你有想过10年后的自己会是怎么样的吗?"她终于意识到了留在城市并不是她真正的心愿,于是她决定听从内心,回到了老家。

陈嘉玲并不是妥协,也不是认输了。

39岁的她,在大城市辛辛苦苦漂泊、打拼了将近20年,但她却没有过上自己喜欢的生活,而是日复一日活成了别人期待中的"淑女"。

她并不快乐,也不满意那样的人生,她不再想按部就班做什么淑女,她要顺从内心,做个俗女——一个真正喜欢的自己。

39岁,未婚,失业,没房没车,看似一无所有,但陈嘉玲却拥有最爱她的家人,拥有着童年无比美好的回忆。

她并不是loser,也不是"剩斗士",从她与自己和解的那一刻起,她活成了真正的自己。

我想,很多时候我们活得那么焦虑,觉得自己过得很失败的原因,是我们一直在追求那些别人期待的东西,哪怕不是自己喜欢和想要的，我们还是期待自己能和大多数人一样，过上标配的幸福生活。

可等到真正过上那样的生活时，你会恍然发现，那看似稳定美好的生活，并不是自己真正喜欢的。

我们努力了那么久，或许只是活成了别人期待中的模样。

其实很多时候，你本不用那么焦虑，也不必心急，你过得不快乐，或许是因为你还不知道自己真正想要什么。

我们这一路跌跌撞撞，步履不停，不是为了活成大多数人期待的样子，没能活成理想的大人并不值得难过——你只有读懂了自己内心的渴望，才能真正与自己和解。

就像剧里陈嘉玲对自己说的那段话："这辈子其实很长，长到你可以跌倒再站起来。这辈子其实很短，短得你没时间再去勉强自己，没时间再去讨厌你自己。"

希望所有因生活而疲惫不堪、感到焦虑的人，都能听听自己内心的声音，摆脱所谓的年龄焦虑，努力生活，享受快乐，追求真正渴望的东西，好好爱着现在这个不够完美却值得被爱的自己。

多少岁不重要，看起来像几岁才重要。没有什么年纪就该干什么事，只要你愿意，再晚都可以开始崭新的生活。

就像《三十而已》里说的那样：人生大概率就是一场有去无回的旅行，没有哪个特定的数字会决定我们奔跑的速度和停下来的时刻，愿每个年龄都能葆有而已的勇气。

"请记得，不管你几岁，都请一定要喜欢现在的自己。"

全力以赴,而后『佛系』生活

/ 01 /

现在越来越多年轻人标榜自己"佛系""佛系青年""佛系少女""佛系追星""佛系上班"了,乍一听好像挺好,无欲无求的,可事实真的如此吗?

何为"佛系"?它在网上的解释是这样的:"佛系"是一种追求自己内心平和、淡然的活法和生活方式。

大部分事情都想按照自己喜欢的方式和节奏去做。"佛系"标签不是"丧",是三分调侃、七分从容的自我消解。

网上还说在前行的路上持这种态度,就能摆脱各种矛盾、焦虑,成为一个快乐通达的人。

如果能做到上述的"佛系",那的确挺不错的,可很多人误解了"佛系"的真正内核,虽然到处宣扬自己"佛系",却只是拿它当不努力的借口,假装"佛系"罢了。

/ 02 /

说实话,我也曾假装"佛系"过。

有一段时间,我生活的琐事太多,于是暂缓写稿的节奏,从以前的每周三四更,变成了一周两更、一更,甚至不更。

下了班回家,身子有些疲倦,不想写稿,于是拿出手机,刷起了朋友圈和微博,等刷完了最新动态,我又无聊地看起了视频,有时还会看直播或者追剧,快到十点了,我就去洗澡,洗完澡就打算休息。

明明准备好要写稿了,可是磨叽了好久一个字也没写,我就在心里安慰自己,这么晚还写什么稿,熬夜对身体不好,洗洗睡吧!

心里闪过一个"不行,不能放弃"的念头,但很快我就被自己说服了:"你辛辛苦苦熬夜写的稿,发出来也凌晨一两点了,读者都睡觉了,谁有闲工夫看文章?这不等于无用功吗?还不如明天再写。"

明日复明日,就这样,我将写稿的事拖到了周末。

本来周末有大把的时间可以看书写作,但我就是一直拖延,等到了晚上,我还在纠结要不要看最新的综艺节目,犹豫再三,我选择了看综艺节目,而没有写稿。

我这样安慰自己:"周末本来就是要放松的,看综艺节目多开心啊,周末大家都很忙的,'佛系'一点儿吧,没人在乎你写没写稿!"

/ 03 /

等我真的痛下决心,要暂停一切娱乐,好好写稿时,我又遇到了一个难题:对着电脑,我硬是写不出文章。

这时,我心里又有声音冒了出来:"没有灵感就别写了,玩儿会儿游戏吧,或者追会儿剧,'佛系'一点儿,别勉强自己了!"

如此恶性循环,我曾好几周都没写出一篇文章,不是没有检讨和反省,只是我总会习惯性地给自己找借口,理直气壮地安慰自己:"没事,反正还有时间,接下来再努力就好。'佛系'一点儿嘛,生活那么难,别和自己过不去!"

还好有朋友及时指出我的问题,她和我说:"你别再假装'佛系'了,别拿'佛系'当借口不好好努力,你该写稿就好好写稿,别颓废消沉,少拿'佛系'安慰自己的不作为!"

我被她的话点醒了,其实我一直以来都知道,我所谓的"佛系"并不是真正的'佛系',我不过是不够努力罢了。

/ 04 /

相信不少人都有过假装"佛系"的经历吧?

英语四六级总是考不过,往往还都是差几分,非但没有检讨,更努力地去复习,反而抱怨考题难度增大,"佛系"地安慰自己，归结为运气不好！

　　自己的作品在比赛中落选了，心里不服气，不想着吸取失败的教训，却一个劲儿地告诉自己，顺其自然就好。

　　上班不认真，敷衍了事，因业绩不好被扣工资后，没有及时反思，反而以"佛系"的态度安慰自己，习惯就好，要看淡一切得失……

　　这些"佛系"的态度看似能让人心境平和，淡定从容，可事实上真的对我们有帮助吗？

　　答案是否定的。

　　"佛系"不代表可以不努力，不代表你可以心安理得地接受一切失败，不代表你可以为你的失误做冠冕堂皇的借口。

/ 05 /

　　"佛系"不是逃避问题，不是放下一切，也不是不付出努力。

　　假"佛系"久了，你可能连一点儿努力都觉得辛苦，甚至将懒惰悠闲视为理所当然，过上表面轻松却并不如意的生活。

　　有一句话说得很对：我们总是喜欢拿"顺其自然"来敷衍人生道路上的荆棘坎坷，却很少承认，真正的顺其自然，其实是竭尽所能之后的不强求，而非两手一摊的不作为。

　　同样，"佛系"不是你什么都不做，就想着顺其自然，或者拿各种借口拖延偷懒，失败了还一个劲儿地安慰自己没关系。

那不过是打着佛系的幌子，心安理得地偷懒拖延罢了。

"佛系"不是想当然地放弃和看淡，而是付出努力，脚踏实地，全力以赴，做错了事就认真反思，遭遇失败就总结经验，前事不忘，后事之师。

你真正做到全力以赴了，才可以用"佛系"的态度安慰自己，顺其自然，接受一切的结果。

如果你还没努力，或者不愿付出，那就不要标榜自己"佛系"了，一直假装"佛系"，到最后后悔的还是你自己。

拿不努力当"佛系"，一味地顺其自然，那么，你只会停滞不前，越过越差。

过极简生活

/ 01 /

不知道你们平时有没有囤积东西的习惯？

房间里塞满了箱子，堆满了杂物，上面布满灰尘，很多都用不上了，可就是舍不得清理、扔掉，一直囤在角落里，使得房间里的东西越堆越多。

我以前就有囤积东西的习惯，总觉得所有的东西都能在不久后派上用场，所以舍不得扔掉，哪怕变成废品，我还安慰自己："就放着吧，说不定哪天就能用上呢。"

这种习惯带来的后果是，我的房间变得很乱，角落里堆满箱子，不仅影响美观，房间显得更加狭小，还使得心情都变得沉闷了。

后来，我看了一本有关"断舍离"理念的书，认识了山下英子,深受启发,于是下定决心贯彻"断舍离"理念,整理出了三大箱废品,其中包括旧衣服、废旧的手机壳、数据线、旧笔记本、过期刊物和各类生活用品,我将大部分不可回收的物品都丢掉了。

丢完那些东西,某个瞬间我是有些心疼和不舍的,但之后,我感觉自己的生活慢慢发生了改变:房间变得更干净整洁了,我的心情也越发明朗了,撤去多余的废品,我的生活简单而又自在……

/ 02 /

山下英子是日本"专业家庭杂物咨询师",她提出了"断舍离"这个生活概念,从50岁起,她就一直帮助普通人丢弃家庭废物、优化收纳、反思和修复家庭关系。

值得一提的是,她本人的经历也相当丰富,她是在提出"断舍离"的概念十年后,在她60岁时,才真正夺回了对家的主权,拥有让自己安心舒适的家。

山下英子的母亲是富家女,刚结婚时,过了一段苦日子,后来就开始对金钱有了很强的执念,舍不得扔掉家里的东西,于是家里的物品堆积如山。

她的母亲脾气不太好,总是在埋怨她的爸爸,不断吵架,并且她还有一种非常传统的观念,觉得女人是没用的,没能力像男人一样赚钱。

年轻的山下英子，待在那样糟糕的家里，活得很压抑，只想要逃离这个家。

22岁那年，山下英子从早稻田大学毕业后，通过相亲，早早地结了婚，她以为结婚之后就能建立自己的新家，没想到母亲的价值观依然如影随形。

她曾扔掉母亲的许多东西，还声嘶力竭地和母亲大吵了一架，可两个人都没有赢。

她在回忆时说："那时候我已经快50岁了，我突然明白，自己和妈妈根本是价值观完全不同的人，扔与不扔，其实是我们俩的一场夺权大战。也许最该'断舍离'的，是她一直以来对我的影响。"

她渐渐明白了母亲不幸福的根源："和追求自我实现的男人不同，在家庭中，女人的价值来源于'被别人需要'。她只有用价值观不断地操控家庭，才能获得满足感。"

她领悟到这一点后，便开始明白"断舍离"的真正意义。

/ 03 /

在山下英子50岁前，给她带来很多苦恼的还有她的婆婆，结婚后她与婆婆一家住在一起，婆婆是一个控制欲极强的人，大事小事都要过问，这让她压抑不堪。

她多次提出要和丈夫搬出去住，婆婆却冷嘲热讽，觉得她是要拆散这个家，后来她还是坚持搬了出去。

但那段时间，她过得并不快乐。

她的姐姐发生了家庭悲剧：姐姐的女儿被诊断患有性别认同障碍，夫妻俩不愿接受现实，在心理重压下，姐姐患上癌症去世，女儿则选择轻生。这个悲剧让山下英子明白：逃避没法儿解决问题，要勇敢面对才行。

于是，山下英子提出了"断舍离"的理念：**断绝不需要、舍弃多余、脱离执念，认清现实，并与之和平相处。**

后来，她决定在东京租间公寓，60年来第一次一个人生活，她践行着"断舍离"，觉得自己终于有了家。

或许在很多人看来，家意味着家人们生活在一起，热闹美满，但山下英子却觉得家不一定意味着集合体，归属感不一定是共处创造的。

我很喜欢她的理念，"断舍离"不是单纯的扔东西，而是要扔掉自己对价值观的强求，扔掉矛盾。

"凡是让人感到痛苦的东西，都该被丢弃。"

无论是物品、感情还是一段关系，清空那些烦恼和杂念，生活才会变得干净舒服。

/ 04 /

你想得越多，心会越乱，拥有过多的东西未必是件好事，也可能是一种困扰。

有些事当断即断,不要纠缠不舍,想要摆脱这种烦恼,你首先就要学会放下,丢弃那些困扰你的事物,清理杂念。

别让东西、人,还有情感束缚住我们,放下执念,抛弃繁重的物欲,你才会越来越好,活得自在轻松。

人越长大越要给生活做减法,别让沉重的欲望压垮自己的心,外在的东西好是好,可如果你并不需要,那么东西再多也只是负累罢了。

正如《极简生活》里写的那样:享受生活并不等于享受物质,重要的是了解自己的需要。

如果我们能够一直保持理智,如果我们愿意放弃和别人的攀比,看清自己的实力,尊重自己的内心,完全可以把生活过得简单一些,幸福一些。不为房子、车子所累,不为生存压力所累。

内心丰盈的人,不会被物质迷惑,也不会被杂念纠缠,因为他的精神不贫瘠,拥有信念与力量。

有时候,少即是多,过真正的极简生活,给人生做减法,内心会越来越丰盈。世界纷繁复杂,愿你能过自己喜欢的生活,简单一点儿,使自己安心自在就好。

好好虚度时光

/ 01 /

时常有读者在微博私信我,问我在沮丧难过的时候做什么可以转移情绪,让自己不再那么难过,重新振作起来。

放在以前,我会洋洋洒洒地写一大段话,让读者们放下烦恼,想开点儿,向前看,反正一切都是会过去的。

而现在我会告诉他们:"沮丧难过的时候,不妨做一些没用的事情吧,譬如看看小说、漫画,听听音乐,逛逛街,吃点儿零食,看场电影,和朋友说些废话……总之,不要想着怎样摆脱悲伤,你先去做那些你喜欢的、能让你感觉开心的事情,做着做着你自然就不会那么难过了。"

人哪,有时候很容易钻牛角尖,走进死胡同,被糟糕的情绪绊住,难过的时候,你越想着怎么放下,烦恼就越多,人也越难受。

这时候，反正你无论如何都想不通，那不如别胡思乱想了，别再折磨和为难自己了，不如试着做一些你平时想做或喜欢的事情，哪怕是找人吐槽，说说废话，也没关系。

/ 02 /

有一位好友，经常在工作压力大、生活充满烦恼时，和我聊天，说的都是一堆无关紧要的"废话"。

无非是吐槽上司怎么刁钻、同事怎么奇葩、房东怎么坑人这些事情，她知道抱怨再多也没用，可她就是乐此不疲，一遍又一遍地和我说。

我给不了她什么实用的建议，只能当个树洞，默默地倾听她略带负能量的话语，奇怪的是，每回聊完天儿，好友都很满意，觉得自己总算将心中无处安放的怒火宣泄出来了。

说完那么一通通"废话"，她感觉心理负担少了很多，整个人神清气爽，烦恼也暂时不见了。

她说："我知道和你抱怨吐槽这堆破事没什么用，都是'废话'而已，可不知为什么，我每次说完这些废话，都特别舒服，哪怕事情没有解决，但我还是觉得烦恼减少了很多，很惬意。"

想起在微博看到了这么一段话："一个人说的话若90%以上是废话，他就过得快乐。若废话不足50%，快乐感则不足。"

以前不明白，但现在我觉得这话颇有道理。

能够尽情地说"废话",不需要顾虑太多,是件多么轻松自在的事情啊。

一个人永远只说有用的话,只做有用的事,那样活得有多累啊!

/ 03 /

很多网友对此深有感触,觉得找人说说废话,或者在网上开个小号,随意吐槽抱怨,给自己一些喘气的机会,人真的会活得更快乐。

这或许就是一部分人宁愿在微博小号吐槽,也不愿发朋友圈的原因——在网上你可以相对自由地冲浪,做很多无用之事,不需要在意别人的看法和目光,可朋友圈就不一样了,总有人盯着你,哪怕一点儿风吹草动,都能引来一群熟人的解读。

过去,我是一个不太赞同做无用之事的人,或许是从小被父母管得严,我中学时在课间休息的几分钟里偷看一本杂志或小说,心里都会有一种莫名其妙的愧疚感。

那时候,我心里总是有一个很强势的小人在说:你怎么能看闲书呢!都什么时候了,别人都那么努力、那么拼命,你有资格懈怠吗?

于是,我苛求自己,活得特别紧绷,哪怕做了一点儿在别人看来毫无用处的事情,内心都会深感不安,觉得自己犯了大错。

其实这挺可怕的，但在当时我却深以为然。

如果能回到过去，我一定会告诉自己：你真的不需要把自己逼得那么紧，做点儿无用之事又没错，劳逸结合、松弛有度才好，你不需要愧疚和不安，快乐才是最重要的。

/ 04 /

当我真正明白这一点后，我再也不硬逼自己了。

每当我状态不好、情绪低落时，我不会放任自己，也不会硬撑着拼命努力，而是会暂停手头上的事，让自己小憩一会儿，好缓解压力，让自己得到放松。

我会做一些别人看起来很无用的事情，比如看本感兴趣的漫画，追一部热播的电视剧，翻看有趣的小说，或者出去散散心，跑跑步，看看夕阳，逛逛超市，哪怕在街上漫无目的地游走，我的心情也会慢慢变好。

有时候，我甚至会宅在家里，动手收拾房间、打扫卫生，然后舒舒服服地躺在沙发上，一边看电影一边吃零食，到了晚上就洗个热水澡，和朋友吐槽，说一堆漫无边际的"废话"，最后躺在床上，好好睡上一觉，彻底放空自己……

最近一次心情不好时，我选择到公园附近的湖边悠哉游哉地散步，然后花半个小时的时间，站在湖边看夕阳落山，晚霞的余晖映照着我，湖边湿润清新的风扑面而来，一切无比惬意，我陶醉在大自然的美景里，什么都不想，只是安静地欣赏夕阳。

或许在有些人看来，什么都不做是一件浪费时间的事情，可在我看来，它并非无用，至少它让我变得放松自在，心情慢慢变好了。

在网上看到一段话，很戳心："你要允许时间被虚掷在一些看似很无用的事上，搭乘地铁，步行买菜，煮汤做饭，每天行远路之必要，每天看杂书之必要，每天回复无用消息之必要。一切冗余细节之必要，在于帮我们一点点还原了生活最原本的模样。"

是的，人不需要一辈子都做有用的事情，偶尔去做一些无用的事情吧，你不需要让做的每件事都是有价值的。

有时候，做一些无用的事情，人会更开心的，不必活得那么紧绷，累了就休息，留给自己喘气的机会，说一大堆"废话"也没什么，你开心就好啦。好好虚度时光吧。

请接受真实的我，无论我是谁

/ 01 /

秋季清冷，万物萧瑟，人不免有些感伤，一些糟糕的小情绪萦绕心间，无法消遣。

好在还有书籍、音乐、电影、电视剧这些美好的事物，可以慰藉心灵，治愈悲伤。

近来我追完了一部电视剧《现代爱情》，故事短，简单，有点儿"丧"，却又温暖治愈。

《现代爱情》由《纽约时报》同名专栏真实故事改编，讲述了几个与爱有关的故事——一段不寻常的友谊，一位失而复现的旧爱，一桩处在转折点上的婚姻，一场可能不是约会的约会，一个不因循守旧的新家庭——演绎当代生活中爱之纷繁复杂，将个中滋味向我们娓娓道来。

这部剧"探索当代人复杂的感情生活,以及爱的痛苦与欢愉",每一个故事都戳中了我。

/ 02 /

第一集的故事主题是超越友谊的爱,玛姬一个人在纽约生活,她是个爱读书的博士,却对爱情不甚了解,在偌大的城市中,只有酒店的门卫古斯敏是她最好的朋友。

古斯敏曾是一名军人,也是玛姬的长辈,他每天笔挺地站在酒店前,用狙击手一般的眼神看向每一位送玛姬回家的男人。

每次遇到不靠谱的小伙子,他都会友好地提醒玛姬,"那人不靠谱",而且每次他看人都很准,但玛姬还是不懂得识别,偏执地相信自己的选择。

有天,玛姬邂逅了一位英国男人,他长相俊朗帅气,只是不喜欢读书,两人没有共同语言,古斯敏告诫玛姬要小心,但玛姬还是不在意,结果两人在一起不久就分手了。

然而,事情远远没有结束,玛姬意外怀了孕,她在犹豫要不要打掉孩子时,古斯敏看出了她内心真实的想法,于是鼓励她,不必在意别人的目光,按自己的想法,随心而活。

于是,玛姬遵循内心的声音,生下了女儿,她没有选择和英国小伙子结婚,因为她深知两人不合适。她独自抚养孩子,在工作忙碌的时候,将孩子交由古斯敏照顾,古斯敏喜欢小孩,会在孩子面前露出童真的一面，微笑地看着她慢慢成长。

/ 03 /

后来，玛姬因为工作而要搬到洛杉矶，古斯敏没有挽留她，而是一如既往地鼓励她，希望她能好好工作，照顾好女儿。

多年之后，玛姬带着女儿和新男友重返纽约，玛姬有点儿担心古斯敏不喜欢她的男友，没想到这次古思敏却告诉她，那个男人很好。

这一回，古斯敏终于告诉她自己判断那些男人好坏的标准："我看的从来不是那些男人，玛姬，我看的是你的眼睛。"

人都会口是心非，但眼神不会说谎，你看向那个真正爱的人时，目光一定是炽热真挚、饱含深情的。

他们两人之间的关系很复杂，古斯敏亦师亦友，既是长辈，又是一个亲密的朋友，他对玛姬的爱，超乎友谊，真诚炽热，有父亲那般深厚的爱，隐忍又绵延，让人为之动容。

第三集的故事更戳中我的泪点，主题是：**请接受真实的我，无论我是谁**。

安妮·海瑟薇饰演的女主角有双相情感障碍，时而焦躁，时而抑郁，为此能力出众的她，不停地更换工作，找不到一个合适的男友。

有天她心血来潮一大早跑到超市买桃子，结果遇见了一位自己心仪的男人，和那个男人待在一起，她的心情会变得很好，于是她发出邀请，让他来自己家里约会。

可到了约会当晚，她突然陷入抑郁的情绪中，整个人什么都不想做，只能摊在床上，失落又空虚，她没有接电话，房间的灯也没有开，她害怕面对那个男人，害怕他知道真相，同时又希望他能理解自己。

可是，那个男人最后还是离开了。

/ 04 /

让我落泪的一段情节是，女主离职了，友善的女同事请她喝咖啡，并询问她离开的原因，那一刻女主终于卸下了防备，含泪说出了自己的病状。

因为同事的信任和鼓励，女主渐渐恢复了元气，她开始告诉朋友和家人自己的病情，并在网站上写下自己的故事，想要征到一位可以接受她的朋友。

"我知道我无法完全治愈我脑子里的毛病，但就像爱情也没有处方一样，如果你没有被我吓跑，请给我留言，我愿投入去爱。"

有那么一刻，我在她身上看到了过去自己的影子，情绪反复无常，总会突然消沉，没来由地难过，却又不想将自己糟糕的一面展露在别人面前，纠结又迷茫，一个人在暗处挣扎……

好在，最后慢慢走出来了，因为我已明白，要学会接受自己最真实的模样，无论如何，都要好好爱自己，"take me as I am, whoever I am."

看这部剧，心情会有点"丧"，但"丧"过之后，会得到治愈，并被剧里一段段经典且富有意味的台词戳中。

"我们曾经拥有、尚未完成、未经试炼就遗失掉的爱，对那些选择安定下来的人来说，是多么轻率、幼稚。但事实上，这就是最纯洁、最投入的爱。"

这个世界或许没你想象的那么好，但也没有你想象中的那么糟，生活复杂艰难，但总有人在薄情的世界里深情地活着。

这世间能够真正拯救人心的，或许只有爱。人生满满，唯爱永恒。

很喜欢这样一段话："我们在现代爱情中寻找的远远不是单纯的亲密关系，而是亲密关系的合适舒服的自我空间，抛弃了永远，能更珍惜当下。"

爱有时复杂难解，有时却也简单纯粹，世间再糟，依旧值得你爱，那么，好好去爱，好好体验，好好活着吧。

人生没有白走的路

/ 01 /

去年10月份我的公众号后台有不少读者给我留言,他们即将考研,有些紧张和担忧即将到来的考试。

我这样回复他们:"别太担心了,只要你全力以赴,就能毫无负担地接受一切结果,无论如何,你都在这一过程中得到了成长。"

我身边也有朋友今年考研,他叫王立,去年考研差三分没被心仪的大学录取,今年再战考研,期待早日"上岸"。

王立心理压力很大,去年他的家人知道他考研失败,都劝他放弃,让他早点儿出来工作,要不就去考当地的公务员,在长辈看来,找一份稳定可靠的工作比什么都重要。

可是,王立并没有因此放弃梦想,他先是找了一份还算清闲的工作，一边攒钱一边复习，工作大半年后，他有了积蓄，能够独立生活，才敢裸辞，一心一意备考，他的专心程度比起高考，真是有过之而无不及。

/ 02 /

第二次考研的人，内心都非常煎熬，毕竟多走了弯路，多花了一年的时间，如果第二次再失败，那么整个人的信心都会被击溃。

王立也时常在想着这个问题：如果第二次再失败，我要怎么办？我还能从头再来吗？我这样不是浪费了一年的青春吗？

每当想到这件事，他都格外焦虑，在37℃的高温天气里，渗出一头冷汗。

后来，他告诫自己，不要想太多，也不要杞人忧天，他必须用尽全力，赌上一切去考研，他不是输不起，他是渴望赢，不想输。

在备考期间，王立有过无数崩溃的时刻，在他怎么也想不到解题思路的时候，在他疯狂复习却还是背不出所有知识点的时候，在他熬夜刷题眼睛酸胀、头难受得快要炸裂的时候，在他家人反对他备考、还嫌弃他不找工作、碌碌无为的时候……

他一遍又一遍地质疑自己，想过无数次放弃，可最后都咬牙坚持了下来——他渴望实现自己的梦想，尽管那个梦想遥不可及。

王立知道自己没天赋，不聪明，但他肯下苦功夫，能够坚持，有拼尽全力的决心和撑到最后的信念，他懂得笨鸟先飞的道理，也相信天道酬勤。

/ 03 /

林优跟我说过她的考研经历，她说那是她人生最糟糕也最煎熬的一年。

那一阵子，林优身体状态不是很好，家人都不支持她考研，但林优非要坚持，她瞒着父母报了名，以旁人难以想象的毅力，坚持到了最后一刻。

在那些崩溃到大哭的夜晚，她曾一边流着泪一边刷题，可一觉醒来，她仍会继续早起赶到图书馆，拼了命地复习。

她曾一个人到天台背书，一个人抱着楼道的暖气片背书，一背就是大半天，一个人忍着困意挨过无数与书相伴的深夜。

考研之路漫长而艰辛，熬夜的疲惫只是身体上的，更加煎熬的是你心中对自己的怀疑，对自己的不自信，对未来的不确定。

林优情绪低落过很多次，在考研前一天，她紧张得晚上睡不着，熬夜看书看到头疼，她在那一刻想过要放弃，好在她的家人给她打了一通电话，告诉她，要安心，好好休息，家人们会支持她的一切选择。

那一晚，凌晨一点，她窝在被窝里哭了好久。

考试当天,她和往常一样,一大早就起床,围着操场跑了两圈,努力让自己的大脑保持清醒。

考完试后,她终于松了一口气,努力没有被辜负,她最终圆了自己的考研梦。

/ 04 /

考研,是一场单枪匹马的战斗,很多人都心怀梦想,才一路坚持走了下去。他们无数次地怀疑自己,一边努力一边想着放弃,一边焦虑一边流着眼泪努力。

考研也是一场脱胎换骨的历练,很多人因为考研,第一次见识凌晨三四点的城市,每天披星戴月,刻苦复习,戒掉了所有娱乐方式,一心一意只为考研。

很多人都觉得备考的日子痛苦煎熬,却又觉得它格外美好,因为在那段时光里,很多人都享受到了拼命去做一件事的乐趣和成就感,体会到全力以赴的快感与踏实。

那些埋头苦读、努力奋斗的日子虽然辛苦,但值得铭记一生。

正是日复一日地咬牙坚持和流泪努力,才造就了今天熠熠生辉的自己。

这一路漫漫,有挫折、有打击、有失败,也有鼓励、期待和祝福,这一路你失落过、沮丧过,也崩溃过,但你还是挺住了,坚持走到了今天,全力以赴的你已经做得很好了。

经历过痛苦的磨炼,你才能蜕变成更好的自己,这一路你披荆斩棘,孤军奋战,结果无论如何,你都值得自豪,因为你未曾放弃,坚持到了最后。

挺住意味着一切,坚持到底也是一种胜利。

你经历过这一段沉寂、忍耐、难熬的日子,收获的绝不只有那份沉甸甸的录取通知书,更重要的是,你离心中的梦想更近了一步,你慢慢地活成了自己期待中的模样。

每一个努力的人,都值得尊重,请你相信,时间会见证一切,星光不问赶路人,时光不负有心人。

静下心沉住气，耐心等待结果

/ 01 /

这段时间我买了几袋面粉回家，尝试着做馒头、馅包、发糕这样的面食。

视频教程我不知看了多少，看着步骤倒是简单，但实际操作起来也是需要一些技巧和经验的，和面、揉面对我来说都不是什么难事，最让我头疼的是发面的步骤。

很多人都说，要想做出的馒头、馅包蓬松柔软，那就一定要好好发面，不是加了酵母粉就能发好面，天气冷的话还需要拿温水促进面团发酵，有时慢的话发好面要等待两个多小时。

我性子有些急，不想等那么长时间，每次都是等了半个多小时就匆匆下锅蒸馒头，结果做出的馒头又硬又难吃。

/ 02 /

和朋友说起自己做馒头失败的事,她笑着说:"你就是太急了,面团还没发好就下锅蒸了,怎么可能做出好吃柔软的馒头?你要耐心地等待面团的发酵啊。"

想来也是,我过于心急了。

后来我试着做了一次发糕,全程按着别人的经验操作,到了发面那一步,我不再着急,而是耐心地等待它发酵,直到面团呈现蜂窝状的气孔,我才小心翼翼地拿去蒸熟。

结果得到的发糕很成功,松软可口,不再硬邦邦的,外表看起来和外面差不多,口感香甜软糯。

那一刻我吃着发糕,在心里想,其实做面食并不难,难的是耐心等待面团发酵的过程,如果你过于心急,没有发好面团就匆匆上锅蒸,自然会以失败告终。

做面食如此,生活又何尝不是这样?

/ 03 /

现在的生活节奏很快,大家都像上了发条似的,恨不得一天就能做好所有的事情,一蹴而就。

身边有很多人都热衷于报各种网课、微课,那些打着几天、一星期教你练口语、写作、编程、理财的课程尤其受欢迎。看着那些激励人心的宣传语，很多人都动了心，仿佛自己只要报名学习了，一两个星期就能掌握技能，提升自己。

可实际情况呢？

很多人报了班，课听了，练习也做了，但还是没有达到理想中的效果。有时候，那些速成班不过是给自己打了一罐鸡血，兴趣一旦燃尽，学费也自然泡了汤。

尽管如此，我们还是乐此不疲。

因为在这个高速发展的时代，谁也不想落后，谁也不肯认输，大家都铆足了劲儿往前冲，既焦虑又纠结，除了努力别无选择。

/ 04 /

有一段时间我特别迷茫，时不时就情绪低落，焦虑不安。

朋友让我静下心来，不要让周围人匆忙的节奏影响自己，我表示做不到，她便让我去学一些自己感兴趣的东西，比如她在空闲时间学了围棋、手绘和法语。

我问她："为什么要去学那些看起来没用的东西？围棋、手绘和法语都不简单，需要花费很多工夫的，那样不是很浪费时间吗？"

朋友解释说："我学这些喜欢的东西并不觉得是在浪费时间，

相反我在学习的过程中收获了很多乐趣。我总觉得人需要多一些耐心,不要急于求成,只看重结果,而不享受过程,那样才是浪费时间。"

是啊,我们很多时候都太重视结果,而忽略了过程,忘了耐心地等待,也忘了享受生活的乐趣。

就像有句话:"我慢慢明白了为什么我不快乐,因为我总是期待一个结果。

"看一本书期待它让我变得深刻;跑一次步期待它让我能瘦下来;发一条微信期待它被点赞评论;对别人友好,期待被回待以好。这些预设的期待如果实现了,我长舒一口气,如果没有实现,就自怨自艾。"

如果急于求成,人便会越来越焦虑,越来越不快乐。

其实想想,做个馒头尚且都要花工夫等待它发酵,而做别的事情更是如此,无论学习、生活还是工作,都没有一蹴而就的事情,一两天的时间根本就算不上什么,没看到预期的结果又怎样?

毕淑敏说:树不可长得太快。一年生当柴,三年五年生当桌椅,十年百年的才有可能成栋梁。故要养深积厚,等待时间。

是的,凡事都需要时间与过程,厚积才能薄发,没点儿耐心怎么可能成事?

坚持下去,继续努力,不断积累,总比一边焦虑,一边放弃要强。

有时候，你会因为已经付出了努力却还是看不到希望而垂头丧气，最后选择了放弃，你太重视结果，却忘了或许你再坚持一下，希望就在下个路口等着你。

　　真正有耐心的人，不会被眼前的烦恼所困扰，不会被困在现状里，也不会对目前的结果耿耿于怀，他们会享受这个过程，就像马拉松长跑一样，没到终点前，无须慌张焦虑，且放宽心，欣赏沿途的风景。

　　无论何时，我们都需要保持足够的耐心，学会心平气和地等待，静下心，沉住气，给自己一点儿时间，也给结果一点儿时间。

无论你做怎样的选择，最后都会有遗憾

/ 01 /

"伴侣在大城市找到一份很好的工作，我要放下一切跟Ta去吗？"

这是综艺里的一道辩题，非常现实。

面对这道辩题，一名女博士辩手在节目里说得很动情，她认为应该和伴侣一起去大城市，因为放下不是成长的代价，而是成长本身。她还讲述了自己的故事，因为要去美国留学，她和当时的男朋友分了手，事后回忆起来，她觉得很遗憾："看到满头的落叶飘下来，那个瞬间我就在想，我为什么要在最好的年纪，离开你？"

现场很多观众都被她的这番发言打动了，眼里泛着热泪，无比感动，我却觉得那个时候的詹青云无论做出什么样的选择，都会留有遗憾。

当年，如果她为了心爱的男朋友放弃到哈佛大学求学的机会，或许今天的她就不会那么优秀耀眼，也没有那么多底气和资本，她会羡慕那些学成归来的海归，觉得生活不像自己想象中那样美好。

她或许会懊恼，会挣扎，会厌倦平淡无奇的生活，会后悔当初为什么没有选择那条看起来更光明的道路。

就像现在的她一样，在为过去离开的选择感到后悔，觉得没能在最好的年纪陪在爱的人身边，是一种深深的遗憾。

/ 02 /

生活无非就是这样，哪怕有无数种选择，你最后也只能选择一种，去过未知的生活。

正如王尔德所说："人生只有两种悲剧，一种是求之不得，一种是得偿所愿。"

晓娟当初选择陪伴侣到大城市发展，起初她很纠结，因为她学历不高，也没有更多的技能，而在老家她有一份稳定的工作，但男朋友在北漂，两人长期分离，感情渐渐变淡。

男友劝她来北京发展，因为他在北京有一份还不错的工作，工资是她的四倍，而且大城市有很多资源，机会更多，两人一起努力奋斗，未来便会有无限的可能。

晓娟经过长时间的纠结和考虑后，最终向男友妥协了，她不顾家人反对，毅然辞职，扛着厚重的行李箱来到了繁华旖旎的北京。

北京很大，晓娟看着五光十色的霓虹灯，心里有一丝胆怯，在偌大的车站里她差点儿迷路，好在男友贴心地赶来接她，她才安了心。

晓娟暂住在男友租的房间里，那间房又破又小，还要和三个人合租，每天都得排队洗澡和上厕所，让人心烦意乱，比租房更糟糕的是，她在北京找工作的过程很是艰难。

大公司进不去，小公司钱少事又多，她投了接近一百份简历，大都没有回音，快一个月过去，在男友的催促下，晓娟才勉强接受了一份前台工作，月薪4000元，试用期还没有五险一金。

/ 03 /

晓娟在北京的生活并没有她想象中那么美好，工作很繁杂，收入还低，如果不和男友合租，基本是入不敷出，而男友这边，工作太忙，每天都加班到很晚，真正在一起的时间并不多，两个人同在一个屋檐下生活，爆发过很多矛盾。

他们争吵过，冷战过，彼此都生着对方的气，还曾经闹到撕破脸皮。

晓娟有一次因为工作的事情，心里不爽，加上男友招惹她生气，她直接对男友吼道："我当初是真的傻，听了你的话来陪你北漂！这一切根本不是我想要的，你太自私了，根本就没有顾虑过我的感受！"

男友也很生气："你能不能不要闹了，都多大人了还这么任性！我不努力工作，怎么买房、买车，拿什么和你结婚？你以为我不想过安稳的小日子吗？可生活不允许，我注定要忙碌一辈子，才能换来你想要的生活！"

晓娟不解："我有让你在北京买房买车吗？我有让你赚什么大钱吗？你一直以为付出就是对我好，可你有没有想过，我想要的其实很简单……"

晓娟当初最想要的，不过是和他在一起，陪在他身边，两人一屋，三餐四季，生活简单而温馨。

在晓娟来到北京的第三年，她和男友分手了，这一年她的工资终于涨到了8000块，她租了一个很小的房间，生活平淡，忙碌又充实。

但她还是决定离开北京了，她当初以为有了爱情，一切都不是问题，想着只要陪在男友身边，两人一起奋斗就能创造美好未来。

可现在她明白，过去的她太天真了。

她后悔了，如果时间能够重来，她不会陪着男友一起北漂了，现在的她依旧没房、没车，还失去了曾经的爱人。

/ 04 /

想起杨丞琳出演的电视剧《荼蘼》，它讲述的是女主角郑如薇因不同的选择而经历的不同生活。

在命运的节点上，郑如薇面临一个重大的选择：Plan A 是抛下男友，去上海发展；Plan B 是留在家乡和男友结婚生子。

这两种不同的选择，形成了两个平行时空。

选择去上海的郑如薇，失去了男朋友，还经历了一场场离别，虽然她最后事业有成，成了以前渴望成为的职场女强人，却也失去了所爱之人，活得很孤单。

选择留在家乡的郑如薇，怀了孕，很快就和男友结了婚，成了平凡的家庭主妇，既要照顾生病的公公，还要被婆婆刁难，忙于家庭生活的她彻底失去了曾经的梦想，变得暗淡无光，委屈又辛酸。

郑如薇在剧里一次又一次地后悔，她一直不满现状，一直在设想如果当初选择了另一条路，结果会是怎样，她总是不甘心，想要一个美好的结局，却总是事与愿违。

这个故事告诉我们，人生有很多选择，你无法预知未来，只能选择某一条路前行，不管你选了 Plan A 还是 Plan B，你最后都有遗憾，都会后悔。

因为，人生不存在完美。

所谓的圆满结局，大概只存在美好的童话里。

/ 05 /

保罗·柯艾略曾说："人永远都不会满足。什么都没有的时候，想得到一些东西；有了一些之后，想得到更多；什么都有了之后，又希望和什么都没有时一样幸福。"

何其现实！

回归最初的问题，要不要放下一切陪伴侣去大城市发展，如何选择取决于你自己。

你要清楚自己想要的究竟是什么，同时你要明白，世界上没有完美的选择，无论你怎么选，你都可能会后悔，所以你要深思熟虑，哪种选择所带来的后果是你可以接受的。

不要为了所谓的爱过度牺牲，因为你的牺牲别人未必心存感激，如果你一再地说出那句"我为你付出了那么多，牺牲了那么多"时，两人的关系或许就再也回不到过去了。

带着牺牲的感情，彼此都会不舒服。

一段两人都感到不舒服的感情，注定不会长久。

选择很难，后悔很容易，但我还是希望，你做出的决定，所带来的后果都是自己能够承受的，选择前，请你记住一点，人生真的没有完美的选择。

第三章

Chapter 3

长大，就是不断得到与失去的过程

———○———

如果不知道自己想要干什么，就先工作。只要工作，就可以得到米、酱油、朋友和信任。

难过的时候，允许自己哭一会儿

/ 01 /

周末和几位朋友聚餐，大奇一反常态，平日里喋喋不休的他一直沉默不语，只顾着一个人喝酒，一副心事重重的样子。

我问他出了什么事儿，他摇摇头，仿佛有什么难言之隐，直到他喝得有点醉了，脸颊涨红涨红的，他才开始发泄出来，向我们道出了自己的苦衷。

原来他这段时间一直闷闷不乐，工作陷入了瓶颈期，压力大如泰山，而他的父亲出了意外事故，至今还躺在病床上由母亲照顾着，他既焦急又难过，却没法儿请长假回老家去看望他们，于是感到非常内疚，以致在工作时分了心，出了一些差错，被"犀利"的上司发现后，对他一通责骂。

大奇平日里是一个开朗活泼、个性要强的人，从未在别人面前示弱过。但这次,生活里所有的不顺之事如暴雨般向他袭来,他猝不及防,跌得狼狈。

在喝醉之后,他放下了过去坚强的伪装,露出了我们从未见过的脆弱一面,他红着眼,眼眶溢满了泪水,呜咽道:"我好难过,真的好难过……"

在场的朋友看着他一脸哀伤的模样,无不心疼他。

/ 02 /

事后,大奇尴尬地问我他是不是在大家面前出丑了。

我摇摇头,安慰他说:"没什么大不了的,因为难过而哭泣是一件特别正常的事情。"

大奇还是有点不好意思,他说:"我在大家眼里向来都是很坚强干练的一个人,现在大家都看到了我狼狈不堪的一面,以后估计都要笑话我了。"

"不会的,喜怒哀乐都是人正常的情绪,谁规定一个坚强的人就不能有脆弱的时刻?你别多想了,放心,我们真没笑话你的意思,难过的时候,你可以允许自己哭一会儿,没什么大不了的。"

很多人都像大奇一样,往日里总是装得很坚强,一副无所谓、没有什么能伤到自己的模样,但真的遇到不好的事了,也依旧会触碰到内心柔软的地方。

如果真的感到难受、压抑、痛苦，那么就不用一直伪装坚强，强忍哀伤了，将情绪释放出来，把哭泣当成发泄的方式，再正常不过了。

/ 03 /

我们每天都在经历各种事情，美好的、糟糕的，让你愉悦的、让你难过的，它们使我们产生各种各样的情绪，或高兴，或忧愁。情绪也有一个临界值，超过一定范围，它就会像火山那样爆发。

但有些人一直克制自己的情绪，压抑自己，喜怒不形于色，一个人默默消化所有负面情绪，虽然表面云淡风轻，若无其事，但内心早已涌起海啸。

每个人心里都有一个情绪垃圾桶，当糟糕的情绪快溢出来时，你就不要再强硬地扛着，想要消化它，当你真正感到压抑难过的时候，允许自己哭出来。

没有人的心是石头做的，再坚强的人都有软肋，一旦击中，便一击即溃。

就像《银魂》里的台词：眼泪这东西啊，是流出来就能把辛酸和悲伤都冲走的好东西。可等你们长大成人了就会明白，人生还有眼泪也冲刷不干净的巨大悲伤，还有难忘的痛苦让你们即使想哭也不能流泪，所以真正坚强的人，都是越想哭反而笑得越大声，怀揣着痛苦和悲伤，即使如此也要带上它们笑着前行。

哭不是目的，而是一种缓解压力、释放情绪的方式，不必太过在意，也不必觉得难堪。

真正的坚强并不是悲伤时不流一滴泪，而是擦干眼泪后，依旧有勇气微笑面对往后的生活。

活得自然一点儿，想笑的时候便笑，想哭的时候就哭，不要一直伪装坚强，也不要觉得哭泣就是脆弱，难过的时候，你要允许自己哭一会儿，哭完了，就重新振作起来，恢复情绪，努力前行。

我会怀念此刻的我们

/ 01 /

很多事情过去之后，我们才后知后觉，一边感慨时光流逝，一边怀念过往的美好。

又一年盛夏，告别的序幕已经悄然拉开，隆重而热烈的毕业季，从来不缺欢笑、泪水与故事。没有人永远年轻，但永远有人正年轻着，一届又一届的学生正站在人生的分岔路口，等待着属于他们的道别仪式。

而我们也曾站在凤凰花开的路口，从目送别人分别，到最后自己也在时光之海里与昔日的同学分散天涯。

长大是需要付出代价的，我们总是一边拥有一边失去，遗憾的是往往我们还未能好好珍惜，就不得不说了"再见"。

高考前夕，我收到了很多高三考生的留言，他们当中的有些人感觉日子过得很煎熬，恨不得马上参加高考，迅速毕业——

"高三真的太煎熬了，就像在牢笼里一样。"

"这又苦又累、看不到希望的日子什么时候才能到头啊？"

"我真的快受不了，我一刻都不想在教室、宿舍待下去了，我真巴不得今天高考就结束！"

对他们而言，高中生活是痛苦沉闷的，让他们难受得度日如年，我很理解他们的感受，因为我也曾是一个一心想要脱离校园、早日毕业的学生。

我回复他们道："现在的你或许觉得这段日子特别辛苦，格外煎熬，但等你真正毕业了，你就会怀念那段再也回不去的旧时光。"

/ 02 /

中学时代，我有过一段特别辛酸难捱的时光，当时我努力地学着自己不擅长的理科，被数学和物理折磨得不成样子，越努力越迷茫，越勤奋越焦虑，分数和排名永远上不去，好像不管付出怎样的努力，都没法儿取得我想要的成绩。

为此，我沮丧了很久，开始质疑自己，怀疑人生，我想过无数次放弃，绝望到觉得自己撑不到高考那天，对未来更是没有什么想象，生活陷入一片迷雾之中，看不到一丝光亮。

我那时想得最多的就是：高考快点结束吧，赶紧让我毕业吧,我再也不想这么煎熬下去了,我真的快要撑不下去了,一刻也忍不了了……

那年高考如期而至,为了那两天,我们寒窗苦读十几年,但高考极其短暂,一眨眼,三年时光转瞬即逝,说毕业就毕业了。

后来我再想起高中生活,脑中浮现的全是过往温暖、美好的画面,记忆像是被重制了,所有煎熬、挣扎和痛苦,都变成了洋溢青春气息的愉快与甘甜。

"所有过去了的,都会成为亲切的怀念",真的是这样。

/ 03 /

在大学时,我也常常幻想着毕业,憧憬着未来的生活,觉得以后的日子不会再出现课上点名、复习、做实验、考试这些让人头疼的词汇,在那时的我眼里,毕业了,一切就都是崭新而美好的开始。

论文提交,答辩结束,毕业典礼,大学四年倏忽而逝。我在离别之际,五味杂陈,既不舍校园时光,又期待着未来的生活,一想到要和曾经打闹学习的同学分道扬镳,我忍不住潸然泪下。

曾经有多想离开,此刻就有多怀念校园时光。

我还记得一群人拍毕业照的情景,全班一起吃散伙饭的日子,记得和朋友高谈阔论的时光,记得在宿舍待的最后一晚……

那些事情仿佛发生在昨天,历历在目。

如今毕业了,大家天各一方,都有了各自新的生活,新的圈子和新的朋友,不再过多联系,想要重新召集全班同学一起聚会,都已经是很难的事情了。

在那个热烈的夏天告别后,我们都被时间的浪潮推着往前走,在经历了挫折、打击与失败后,我们才发现校园时光多么珍贵,多么美好。

已经逃离了象牙塔的我们,不禁开始羡慕那些还在象牙塔的学生们,而正青春的他们却像当年的我们一样,向着我们所在的地方瞻望。

果然,青春也是一座包裹着精致糖衣的围城。

/ 04 /

为什么长大的我们总会时不时怀念青春,怀念校园时光呢?

大概是因为我们进入了一个更加残酷的现实世界,被迫长大,承受压力,面对挑战,吃苦受累,扛起身上的重任。

进入社会,没人在乎你是谁,只关心你能做什么,你无依无靠,在大城市单枪匹马地打拼着,只能独立起来,学着照顾自己,一个人咬着牙走过一段孤单又艰难的时光。

投简历、面试、找中介、看房子、签合同、上班、加班、相亲、恋爱、谈婚论嫁……你终于到了小时候羡慕的年纪,却没能成为你所羡慕的大人。

过去的你以为当一个大人很自由，可等你真的走出了象牙塔，才发现那份自由背后隐藏着不为人知的辛酸与苦楚。

进入社会，你就不再是一个学生了，没有老师管你，也没有同学帮你，一切都要你自己挨，自己撑。

在社会的锤炼下，你终于明白成人世界并没有"容易"二字，而在生活的施压下，你才发现过往的校园时光多么纯粹，多么美好。

你再也没理由去穿那套难看却青春的校服了；你再也吃不到学校食堂便宜又好吃的饭菜了；你再也不能和舍友挤一间宿舍共同生活了……你有了崭新的生活，有了新的人际关系，却也失去了很多你过往拥有却没能好好珍惜的人与事。

有人问我大学怎样过才能不留遗憾，在我看来，无论怎样度过，青春总会有那么一些遗憾。

但那些遗憾不会让青春暗淡，反而会让过往的记忆更加清晰明朗。

有遗憾，亦有美好，那段回不去的时光，终将成为青春美好的记忆。

青春就像一场大雨，哪怕感冒了我们还想再淋一次，纵使过往有再多的委屈和辛酸，最后都会被时间抚平，只留下愉悦和美好。

我们为什么会对青春念念不忘？

因为我们怀念过去的我们，那时的我们无比年轻，无所畏惧，身边有着最好的朋友，心中怀抱远大的抱负，意气风发，充满朝气，未来有着无限的可能。

站在毕业分岔路口的朋友，请好好道个别，珍重地说句再见吧，而那些还在象牙塔里的朋友，请珍惜此时此刻的时光，不要挥霍青春，不要烦闷苦恼，更不要辜负自己，毕竟，正值青春的人才是最值得羡慕的啊。

青春是一本太仓促的书，我们含着泪一读再读，此去经年，或许后会无期，但希望所有离散的人都能再次相遇，也愿未来的我们都能在重逢之时成为更好的自己。

长大，就是不断得到与失去的过程

/ 01 /

教师节的时候，沉默已久的高中同学群终于久违地冒出了十多个同学，在群里艾特老师们，祝福他们节日快乐。

若不是遇到了教师节，想必这个同学群还是安安静静的，没有人说话。毕业之后，很多人都保持着一种默契：不过多打扰彼此，也不再频繁发声。

几十个人的同学群，平时总是悄无声息，没有人发言，也没有谁聊天，几乎大家都私下里和亲密的同学联系。

高中同学群如此，大学同学群亦然，没有人聊天，一年都没有几条消息，好像整个群都废掉了一样。

想想，我也已经有三年时间没在高中同学群里发言了，和一些同学也好几年没见面了，时光匆匆，不知道老同学们再次见面时,还能不能像当年那样无话不谈,亲密无间?

/ 02 /

和身边的朋友聊起这事,她也感慨道:"自从毕了业以后,我们班的同学群就没什么消息了,只有过年的时候大家才会群发祝福,问候几句。唉,真怀念过去的日子啊。"

可不是吗,曾经的同窗好友,朝夕相处,友善真诚,而如今,天各一方,连问候都少了,别说在群里不说了,就是朋友圈,可能你也看不到对方的动态了。

遗憾吗?惋惜吗?难过吗?

这些情绪都有,可仔细想想,一切都很现实,大家身处不同的城市,不再频繁见面,联系自然少了。而大家进入新的环境,融入新的圈子里,便有了更多新的朋友和同事,那些老同学,一旦分开了,如果不主动联系对方,关系自然会渐渐变淡。

有些人,无论过去和你多好,一旦离开了,联系就会越来越少,慢慢地就走远了。

最后,Ta或许会彻底消失在你的朋友圈里。

/ 03 /

前一阵子,我在朋友圈里意外看到了一位朋友的动态,他发了一张婚纱照,我才知道到他要结婚了。

我和这位朋友是在大学社团认识的,他大我一岁,平时特别关照我,我们比较聊得来,和我说过不少心里话,我是真心把他当作好朋友。

我还记得几年前社团聚会的场景,他和我同坐一席,我们一边吃饭一边聊天,他那会儿还喝了点儿酒,脸颊通红,特别憨厚地笑着说:"等我以后结婚时,一定会请你,还有社团里的好朋友来喝喜酒,到时候,你们可别想逃……要给我准备礼金哦!

"到时候,一定要来参加我的婚礼!"

他的那番话,我从未当成他喝醉后的胡言乱语,而是一直记在心上,想着他哪天结婚了,我一定会去捧场,祝福他找到了对的人。

可是毕业后,大家分道扬镳,当初在社团里玩儿得很好的朋友,几乎都分散在天涯,有人读了研,有人出国留学,有人参加工作,大家各自奔赴前程,都开启了新的生活。

以前那个消息天天99+的群安静了下来,渐渐地没人说话了,好像所有人都忘了那个群的存在,或者说无意识地屏蔽了群。

以前的朋友不再怎么说话了,除非还在同一座城市生活的、关系特别要好的朋友,其他人渐渐都失去了联系,朋友圈也不常看到动态了。

有些人,就这么消失在了朋友圈里,也消失在我的生活中。

/ 04 /

长大的过程,其实就是不断得到与失去的过程,有得必有失,我们之所以会这么惆怅难过,是因为我们失去了太多曾经在乎的人与事。

可没有办法,失去是成长的必修课,也是成长的代价之一,谁也没法拒绝成长。

你总要学会慢慢接受得到与失去,学会接受朋友的离开,学会与过去珍贵的人与事告别。

有些人走着走着,就散了,你没法强行挽留。

有些关系,久了就慢慢淡了,你没法阻止别人开始新的生活。

这世界每天都有人不断路过你,而你也会不断错过别人,你会遇见一些人,然后告别另一群人。

你要学会笑着说"很高兴认识你",也要笑着挥手道别,和离开的人说声"再见"。

如果可以,请对身边的人好一点儿,主动联系朋友,让关系别那么僵,哪怕远隔天涯,也别忘旧时知音。

若是朋友真的离你而去,淡出你的生活,那也不要过多伤感,不停叹息,这些失去,都是自然,你要学会接受,淡定视之,坦然面对。

生活就是这样,你一路拥有,也一路失去,与其为失去的难过不已，不如活在当下，好好珍惜身边所有爱你和你爱的人。

如果真的舍不得，不想让关系变淡，那你就要及时地"冒泡"，主动联系朋友，和他们说说话，寒暄中说出自己的真心话："嘿，好久不见，你过得还好吗？我……我想你了。"

爱而不得是人生常态

/ 01 /

如果有一天,你能感知到别人对你的心意,而不用过度揣测,纠结不已,你会不会感觉既轻松又方便?

在网络剧《喜欢的话请响铃》里,恋爱铃就是这样一款能让人在10米的范围内感知到别人对你的心意的神奇App——如果有人喜欢你,并且与你的距离在十米之内,那么你的恋爱铃就会被他敲响。

听起来是不是有点儿不可思议?

如果给你选择,你愿意打开恋爱铃,去面对那个你喜欢或不喜欢的人吗?

女主角金朝眺本是一个不愿打开恋爱铃的人,她父母双亡,寄住在姨母家里,要打工还债,还得忍受表妹玖美欺负,过着艰苦而辛酸的生活，她内心孤独而脆弱，没有安全感，却一直伪装坚强。

直到男主角黄瑄傲转学来到金朝眺的学校，发现自己的好兄弟李惠永暗恋金朝眺，他才开始注意到这个女生，并在不知不觉中喜欢上了她……

/ 02 /

故事的前半段还是很甜的，男女主角在小巷里接吻，两人互通心意，敲响了对方的恋爱铃，一起牵手散步，吃饭，约会……

他们的恋爱青涩、简单，却又美好动人。

但金朝眺在和黄瑄傲的相处中，越发自卑了起来，因为她家境不好，姨母不给她交餐费，连修学旅行的钱都没有，她在下课后要打工，每天的午餐和晚餐都是姨母便利店里过期扔掉的饭团和便当……

而黄瑄傲家境优渥，父亲是候选议员，母亲是退隐明星，家住豪宅，典型的帅气"富二代"，这让金朝眺很是自卑，两人的差距实在太大了，而且贫富差距很难在短时间跨越。

金朝眺越是喜欢他，心里就越感到卑微。

金朝眺在经常谩骂、讥讽、欺负她的玖美那儿知道自己的餐费是黄瑄傲帮她交的后，心里非常不好受，同学们对此议论纷纷，认为她脸皮真厚，靠黄瑄傲的钱吃饭生活——她既委屈又生气，却还是忍着怒火，没有发作。

黄瑄傲跑去向她道歉，知道他的做法让她不高兴了，也非常难过，居高临下地教训了玖美一顿，恳求金朝眺原谅自己。

金朝眺觉得黄瑄傲没有恶意，于是便和他和好了，两人又回到了甜蜜的恋爱时光，但很快，意外发生了。

/ 03 /

金朝眺在和黄瑄傲骑摩托车的时候发生了意外，醒来之后发现瑄傲不见了，着急地向一直暗恋她的李惠永求助。李惠永的妈妈是黄瑄傲家的佣人，他从小住在家里，是黄瑄傲最好的朋友。

但当金朝眺真的与黄瑄傲见面之后，她的内心更加挣扎，因为此刻的她太脆弱，也太没安全感了，她的父母曾想带着她一起离开人世，虽然她顽强地活了下来，却一直摆脱不了阴影。

她喜欢黄瑄傲，却觉得自己配不上黄瑄傲，没法儿与他并肩，两人活在不同的世界里，就像两条平行线，永远也没法儿交汇。

她不想一直这么卑微又无助，她痛苦得喘不过气，一次又一次回想起往事，想起当年最亲的父母死在自己面前却无能为力，想起那个在荒野里行走、无依无靠的自己，她的心变得不堪一击。

她不是不喜欢瑄傲了，只是太害怕了，前路太漫长，而她太弱小。

"如果没人走进我给自己划的线内,我就不会伤害别人,也不会被人伤害,然后,我会一个人生活下去。"

于是,她打开了恋爱铃开发者送给她的、独一无二的防护盾——打开之后,她就再也不会敲响任何人的恋爱铃,从此可以隐藏起自己的心意。

就这样,她和黄瑄傲提出了分手,黄瑄傲不理解,觉得她还喜欢着自己,于是让她开启恋爱铃,却发现她真的没有敲响自己的恋爱铃了……

/ 04 /

一向趾高气扬的黄瑄傲在金朝眺面前变得很是卑微。

他委屈又难过地央求金朝眺——

"朝眺,你再重新喜欢我吧,求你了。"

"你告诉我,我做错了什么,我会改的。"

"你喜欢上其他人了吗?"

"现在我,我向你靠近了9.99米,可你为什么1厘米都不肯靠过来?"

直到最后,他彻底失望,对金朝眺说:"你以后绝对不要关闭恋爱铃,还有,你给我看着,我是如何慢慢不喜欢你的!"

两人就此失去了联系,直到四年后,金朝眺在大街上与黄瑄傲偶然邂逅，发现自己的恋爱铃又响了，而这时李惠永开始向她表白，表明了自己迟到多年的喜欢……

故事讲到这里，没必要再展开了。

这部剧的男主角一直未定，有人说是李惠永，有人说是黄瑄傲，他们两个人都很让人心疼，一个暗恋多年，一个单纯执着，他们在爱情里都爱得极其卑微。

可是，在爱情里，有谁能轻易做到不卑微？

有人说，遇到一个自己喜欢的人，第一反应是觉得自己配不上对方，仿佛彼此隔了千山万水，不管怎么努力都没法儿跨越。

/ 05 /

我们为什么那么卑微？

因为没有安全感，觉得自己不够优秀，不够耀眼，配不上那个闪闪发光的心上人——我们的喜欢小心翼翼，生怕对方发现一点儿端倪。

我们同情金朝眺，因为她的身世真的很凄惨，我们心疼黄瑄傲，因为向来高傲的他在金朝眺面前卑微至极。

被偏爱的人有恃无恐，不被喜欢的人如履薄冰。

其实，爱情本就是不讲道理、无关对错的，无论身世多么显赫，地位多么高等，人多么优秀，遇到了一个你喜欢但不喜欢你的人，你就会有种情感上的挫败感。

"拜托你，请你喜欢我吧，求求你了。"

卑微的一方，爱得都很认真，所以输得惨淡，卑微到尘埃里，连一个好的结局都不配拥有。

但没办法，这或许就是爱情毫无逻辑的规则。

我们在心疼那些暗恋的人的同时，或许也看到了自己的影子，心疼那个卑微可怜、爱而不得的自己。

也是在经历了很多事后，我们才明白，爱而不得是人生常态，别害怕受伤，别在幸福面前做脆弱的胆小鬼。

张小娴说：要是你老是认为自己配不上一个更好的人，那么，你也永远无法成为一个更好，甚至最好的自己。

如果真的爱一个人，请你别那么卑微，别老想着自己配不上对方，互相爱着的彼此，应该是对等的关系，你要大大方方地站在他面前，而不是默默跟在他身后。

失去的本质就是教我们慢慢学会接受

/ 01 /

有多少人是在失去以后，才开始练习告别？

电视剧《想见你》里有一段很打动我的剧情，女主角黄雨萱的男友王诠胜两年前因飞机失事而消失，大家以为这么久过去，黄雨萱已经走出伤痛，彻底放下了。

然而，黄雨萱一直都没有放下，她只是在外人面前装作一副淡定冷漠的样子，假装坚强，实则无时无刻不在挂念那个消失已久的男友。

她每天都会故意绕远，坐他们以前常乘的公交；

她每天都一个人吃饭，拍下食物的照片，发到网上想告诉男友，自己一切都好；

她时常向男友已经不用的社交账号留言，告诉他自己的近况，以及她很想他，很想很想他……

有天晚上她在翻看男友以前发在社交网站上的动态时，发现一个陌生女孩和他有过互动，于是她四处给男友的朋友打电话，询问他们知不知道那个陌生女孩的消息。

她这么做，不是小心眼儿，也不是斤斤计较，而是想要找出男友不那么爱她的证据，这样她才能说服自己放下男友，可以不那么爱他，甚至渐渐忘记他。

"如果我知道王诠胜没有那么爱我的话，那么我好像也可以，不用再那么爱他，不用像现在这样，一直、一直想着他……"

/ 02 /

然而，在找到那个陌生女孩后，黄雨萱发现了一个更悲伤的真相：男友曾拜托那位女孩帮他策划一场充满惊喜的求婚，希望她能好好待在自己身边。

黄雨萱听完女孩的叙述，并没有当场落泪，直到在男友的车里翻出了那枚戒指，她才泣不成声。

她哭着说："你为什么要那么好，你干吗让我那么喜欢你，喜欢到，我如果不找到一个你没有那么爱我的证据，我就没有办法真的放下你。"

"你怎么可以丢下我一个人，你知不知道要自己一个人活在没有你的世界有多难……"

黄雨萱花了两年时间,依旧没有从失去男友的阴影中走出来,哪怕她看起来已经放下了,但她做的所有事都与男友相关。她知道要好好告别,要活在当下,要学会放下。

可是,她做不到。

太爱一个人的代价是,当你失去他时,遗忘和放下远比被人伤害更痛苦。

当你真正失去一个深爱的人时,那么过往所有美好、温暖、甜蜜的回忆都会变成一把锋利的匕首,会在某个瞬间戳进你的心,让你猝不及防,心痛不止。

/ 03 /

我的公众号常常收到一些读者的倾诉,她们的情感困惑大都与"分手""失恋""被甩"有关。

她们敏感又细腻的痛苦,我感同身受。

印象很深的是一位女生,她在失恋后给我发了很长一段文字,大意就是她如何爱着自己的男友,不想分手却被甩了,她苦苦哀求得不到任何结果,于是心灰意冷,痛苦煎熬,每每回想起美好的往事,她都睡不着觉。

"每当我闭上眼睛,就感觉他还在我身边,可我一睁开眼睛,发现枕边空空如也,我觉得自己很傻,可我就是没办法不想他。"

我理解她的感受,但没法帮她走出困境。

有些人是爱而不得,有些人则是得到爱却又失去,谁比谁好过呢?

在一群没有和真爱厮守一生的人里,谁都不是绝对的胜者。

怎么办才能走出伤痛?

无非是一句:学会淡忘,慢慢放下。因为,失去的本质就是教我们慢慢学会接受。

/ 04 /

可是,说得简单,又有多少人能做到?

喜欢上一个人或许只需要一个瞬间,但忘记一个人却要一年、五年、十年,甚至一辈子那么漫长。

放下更是难,你以为你真的忘了,可在某个时刻,当你偶尔路过街角的小店时,会突然想起那个人曾在这里为你买过一束花——你突然泪流满面,心里空荡荡的一块,早已失去了曾经的炽热和温柔。

在爱情里,要做到不患得患失很难,因为得到本身,便是失去的开始。

一旦拥有,你就不可避免会在某天失去曾经拥有的东西。

所有美好的东西,都是要付出代价才能得到的。好比爱情,你要冒着失去挚爱的风险,怀抱巨大的勇气才能迎接它的到来,并随时做好它早晚有一天会离开你的准备。

/ 05 /

米兰·昆德拉说:"遇见只是一个开始,离开却是为了遇见下一个离开;这是一个流行离开的世界,但是我们都不擅长告别。"

人越长大,越明白这一点,天下没有不散的筵席,有些人只是短暂地在你生命里停留,要走的人迟早会走,所有相遇都是告别的前奏,人来人往,不过是人间日常。

所以,不再吝啬每一份爱意,不再害怕付出热情,也不再担心结束与失去,如果真的到了要分离的那天,索性大方接受好了,会哭,会闹,会痛苦——但早晚都会好起来的。

分离不只是结束,更是下一段旅程的开始。

就像剧里说的那样:"很多时候这告别仪式不是为了离开的人,而是为了留下来的人办的,不管你们的感情再怎么深刻,你再怎么爱他,当你在跟他说再见的那一瞬间,就已经彻底结束了。"

"你得好好地和他说再见,你得让他走。"

好好地道别,一遍又一遍地说再见,为的就是某一天,有勇气接受最糟糕的结局。

如果结局是注定的,那么,这所有的离别,都是我在练习失去你。

平静地告别

/ 01 /

如果你有亲人患上了绝症,已时日无多,你会怎么做?

这是一个极其残酷的假设,却发生在很多人的真实生活里,我前段时间看到一部电影《别告诉她》,影片讲的是一个关于死亡、谎言与离别的故事。

《别告诉她》的故事背景设定在中国吉林,一个家庭的奶奶被诊断罹患癌症,医生告知家人们奶奶只剩下三个多月的时间了,希望他们做好心理准备。

全家人都选择了隐瞒奶奶,绝口不提癌症之事,只告诉奶奶,她得的只是小病,身体没什么大碍,依旧健康。

这一家人分散在世界各地,大儿子在日本定居,二儿子则在美国扎根,得知奶奶的病情后,两个家庭都计划携家带口回国探望奶奶。

为了隐瞒奶奶，使一切变得顺理成章，他们谋划了一场假婚礼，而在此之前，电影的女主角、奶奶的孙女碧莉毫不知情，她当真以为自己的堂弟要结婚了。

/ 02 /

然而，父亲的不正常举动还是引起了她的怀疑，在她反复要求下，父亲终于坦白：堂弟结婚是假，全家人回国探望患癌的奶奶才是真的。

碧莉虽然从6岁起就跟着父母漂洋过海来到美国生活，但她对奶奶有着很深厚的感情，她一时无法接受全家人对奶奶的隐瞒。

在碧莉看来，家人之间不该说谎，更何况奶奶是病人，她有权知道真相。

但父亲却哀伤地告诉她，很多家庭都会选择隐瞒病情，那是为家人着想，不忍他们在最后的日子里煎熬，抱着巨大的绝望，痛苦地离开人世。

碧莉实在没法认同这样的"传统"，而她的父母根本不管她的看法，甚至不打算带她回国，害怕她说出真相，给奶奶添乱。

彼时的碧莉处境不顺，已经30岁的她，不仅没有一份稳定可靠的工作，连申请的学校奖学金也落选了，心情灰暗的她一直不肯和父母坦白，心里笼罩着巨大的阴霾，在父母都乘飞机回国后，沮丧失落的她也选择了自行回国。

/ 03 /

碧莉回国后，心情依旧惨淡，奶奶见到了她极其热情，和蔼地笑着看着围坐在客厅里的一家人——他们很久没有回来了。

奶奶很开心自己的孙子回国办婚礼，擅作主张给亲戚朋友们发了请柬，说要给孙子办一场盛大热闹的婚礼，在场的人听后表情阴郁，碧莉更是一副心事重重的神情，而奶奶只当他们在倒时差。

奶奶一直强调自己身体健康，早上还拉上碧莉外出锻炼身体，让她多多运动，碧莉看到精神不错的奶奶，心情复杂，欲言又止。

在回国操办婚礼的日子里，碧莉心里一直很不平静，她多次和家人交谈，希望他们告诉奶奶实情，却被家人们一次次怼了回来。

家人们都说，不告诉奶奶病情是为了她好，如果她只剩下最后一些日子，那就让她好好地度过，没有顾虑、毫无担忧地活着。

碧莉没法儿理解，她并不觉得善意的谎言有用，相反，她希望家人们能让奶奶知晓真相，而不是一直被他们蒙在鼓里。

堂弟的婚礼办得很热闹，亲戚朋友都来了，奶奶全程面带微笑，满心欢喜，而碧莉却在喜庆欢乐的气氛中继续忧愁，她勉强自己挤出微笑，还上台发言祝福堂弟，一切看似平静却又暗流涌动。

其实奶奶那些天一直在强撑着，她咳嗽难挨，却谎称那是感冒留下的病根儿，不碍事，自己吃了大儿子从日本带回来的药感觉已经好多了。

碧莉看着憔悴的奶奶，心疼不已，却始终没有勇气告诉她真相，直到她飞往美国，奶奶依旧笑着和她说话，让她乐观一点儿，养好精神，好好地活。

"生活中总会遇到很多困难，但你一定要想得开，千万不能钻牛角尖。因为生活不光是你去做什么，更是你如何去做。一个人的精神支柱非常重要。"

《别告诉她》根据导演亲身经历的故事改编，导演的奶奶很幸运，被诊断癌症后依旧顽强地活了下来。

/ 04 /

这部电影有种纪录片的感觉，接近生活，从细枝末节里让人感到平淡中的沉重，轻松背后的压抑。

电影主题与死亡有关，但整部电影里都没有刻意地煽情，也没有过于压抑的气氛，而我却被很多细节触动到了。

这场看似平静的告别，其实多的是内心的挣扎。

谈到死亡与告别，有多少人能这么坦然地面对？

看到电影评论里不少网友表示，自己也曾有过类似的经历，有些人选择隐瞒病情，有些人则告知家人真相，结果殊途同归。

有人评论说："我们一家人都隐瞒了奶奶的病情，但到最后她也知晓了，想瞒也瞒不住。只是遗憾，我奶奶不够幸运，没有像导演的奶奶那样活了下来。"

我想，在逼近死亡的那一刻，人总是会感到一丝恐惧的，那些善意的谎言或许是为了让饱受病痛折磨的家人放宽心，给他们一点儿希望，而不是冷冰冰地宣判他们时日无多。

而坦白真相，则是为了尊重他们，给他们选择的权利，让他们在所剩无几的日子里能够多做一些自己喜欢的、想做的事情，尽量少留一些遗憾，毕竟这是属于他们自己的人生。

无论从哪方面来看，两种选择都各有利弊，没有明确的对错之分。

史铁生曾写过这样一段话："一个人，出生了，这就不再是一个可以辩论的问题，而只是上帝交给他的一个事实；上帝在交给我们这件事实的时候，已经顺便保证了它的结果，所以死是一件不必急于求成的事，死是一个必然会降临的节日。这样想过之后我安心多了，眼前的一切不再那么可怕。"

这样的心态无疑是好的，只是很多人都没法儿在死亡面前平静地告别，真正做到豁达、平静，淡然处之。

我们终究要在生活里经历许许多多的事情，才会变得从容淡定，在一次次的告别中，才能渐渐摆脱那份绝望哀伤，也愈加懂得生命的意义。

因为爱，所以舍不得，告别太沉重，谎言太伤感，无论我们最后做出什么样的选择，或许都没法儿留住那个最终要走的人。

那份内心的挣扎与痛苦，多希望你未曾经历，多希望你一辈子也不要懂。

如果一切都已注定，或许历经世事后，我们也会在那个节日降临前，不再害怕那必然发生的沉重告别吧。

认真做好每一天你分内的事情

/ 01 /

最近,有不少人给我留言,说他们的状态不是很好,得过且过,空虚又难受,不知道怎么办才好。

他们就好像被困在一团迷雾中,看不清前方的路,想要折返,却又犹豫不决。

迷茫、惆怅、纠结、无助、焦虑,这些情绪夹杂在一起,让人格外头疼。

老实说,我近来的状况也不是很好,外在的环境让我没法太过乐观,有时我会焦虑不安,半夜翻来覆去都睡不着觉。

但我相信,这样的情况只是暂时的,生活节奏或许被外界打乱了,但我们的心不能乱。

越是迷茫焦虑的时刻,越要静下心来,好好思考如何前行,而不是过度纠结,停滞不前。

就像有人说的:真实的生活是,认真做好每一天你分内的事情。不索取目前与你无关的爱与远景。不纠缠于多余情绪和评断。不妄想,不在其中自我沉醉。

想过好生活,那就努力做好分内的事情,认真地度过每一天,没错,就这么简单。

/ 02 /

以前难过的时候,我总会想办法来一场说走就走的旅行,不做过多的计划,随心所欲,放松心情。

每当踏上前往陌生城市的旅程,我都异常兴奋,会暂时抛下过往的烦恼与忧愁,满心欢欣地期待自己接下来所要遇见的一切事物。

我享受旅行的乐趣,不过多计划,随遇而安,无论遇到怎样的人和风景,都觉得是生活的惊喜。

未知,有时候会让人恐惧,也会让人欣喜。

在一个陌生的地方,身边没有一个你熟悉的人,那么你可以肆无忌惮地去做一些你平时不敢想,也不敢做的事情,可以摘掉面具,撕掉面子和包袱,任性又潇洒地走一回。

哪怕做一些丢脸搞笑的事情也不必有顾虑,毕竟在旅途中,没有人认识你,你可以只是你自己。

/ 03 /

如果没法儿旅行，那么看书和看电影也是不错的选择。

去书店或图书馆看书，沉浸在书的海洋里，安静地度过一下午的时光，悠闲又自在。

邂逅一本好书，就好像交了一个知己，如果它与你三观一致，灵魂契合，表达出了你内心深处的声音，那么你便会如获至宝，倍感珍惜。

我总觉得每本书里都有一个小小的世界，可以让你钻进去，领略别人眼中的风景。

如果你嫌书太沉闷，那也可以看看电影，好看的高分经典电影，你就算每天看一部，也要花很多年才能看完。

电影世界好像有一扇大门，它神秘又未知，你一旦走进去，见到了那如万花筒般精彩的生活，你便会一点一点沉迷其中，喜欢上那些用故事构建出的天马行空的世界。

每看一部电影，我就好像做了一场梦，随着主角一同体验了前所未有的生活，或悲伤，或喜悦，或温暖，或遗憾……

电影用故事戳中你的笑点和泪点，让你体味人生百态，让你可以有一处角落来安置悲伤，让你暂时不孤单。

/ 04 /

日子混乱的时候，需要的是能让自己的心安静下来的办法。

无论是旅行，还是看书和电影，它们都能让我暂时摆脱困境，得到一些欢愉。我享受那些乐趣，哪怕现实再沉闷，我也想乐观地去生活。

如果此刻的你正处于一种迷茫纠结的状况，不知如何是好，那么请你调整自己的心态，可以暂时让自己安静下来，好好思考前方的路应该怎么走。

实在很累的话，那就休息一会儿，给自己放个短假，撇开烦恼，抛掉杂念，用自己喜欢的方式放松心情。

最重要的是，不要被眼前的困境吓倒，也不要只想着回头，与其纠结失去的东西，不如好好珍惜自己所拥有的一切。

不要只顾着往前跑，而丢了自己的初心。欲速则不达，有时候，慢慢来反而比较快。

很喜欢沈熹微写的一段话："人总要沉下心来过一段宁静自省的日子，整理自己。与日常琐细共有一种呼吸的节奏，在自身的情感起伏中积蓄力量，收获不需要理由的快乐。"

在烦闷不乐的日子里，不妨安静下来，好好整理自己，放慢步伐，从容一点儿，允许自己享受一段恬淡自在的时光。

活在此时此刻

/ 01 /

有位读者在公众号后台给我留言,发了一大段文字,语气间充满了抱怨、迷茫与无奈。

他是今年的应届毕业生,所读院校非985、211,学的也不是热门专业,面临着"毕业即失业"的困境。他身边的同学有一半选择考研和出国留学,一半选择了考公务员和找工作,相比于目标明确的同学,他有些迷茫,不知道自己能干什么。

他自知不是读书的料,没有选择考研,看到同学扎堆考公务员,他很想跟风,却又担心上不了岸。于是他打算先找份工作,在网上海投简历,还参加了学校组织的企业校招,可结果通通不如意,他看得上的公司都没通过面试,而那些有意录用他的单位,他又嫌岗位工资太低,没有前途。

"我觉得我这大学四年真的有点儿荒废了，学校一般，选的专业冷门，一毕业就失业，前途一片渺茫，我都不知道自己还能不能在这座城市生存下去了，唉，我们这批年轻人可真是惨啊！你说，我该怎么办？"

我问他："你真的努力找工作了吗？你的简历有没有优化？面试前你做好充足的准备了吗？大学期间你有没有到企业实习的经历，除了所学的专业，你还掌握了哪些职场技能？"

我这么一问下来，他有些懵了，过了很久他才回我，说他大学期间对找工作的事儿不怎么上心，直到快毕业了才匆匆忙忙去找，既没有实习的经历，也没有多少证书和技能，因此倍感焦虑，迷茫又心急，不知道如何是好。

看到他的留言，我想起了之前认识的朋友，他和这位读者的情况差不多，总是在抱怨和诉苦，为未来深感焦虑，可真正该做的实事一点儿也没做。

/ 02 /

"你别再继续浪费时间了，与其担忧未来，不如好好把握现在，趁还有时间，赶紧去充电，多学一些职场技能，向学长学姐们请教求职经验。在面试前做好充足准备，不要眼高手低，也不要持续焦虑，正视自己，直面现实，未来是你自己选择和创造的，慢慢来，一步步走，你先脚踏实地做好手头的事吧。"

我这么回复那位读者。

生活中还有不少人和他一样,都处在一个特别迷茫和窘迫的困境里,就像被笼罩在一片阴霾里,辨不清方向,犹豫不决,不知道该往哪里走。

他们常常会犯一个错误,一边担忧未来,一边浪费现在,一边憧憬美好的明天,一边挥霍着今天的时光。

他们迷茫,不是因为看不到路,找不到方向,而是因为他们压根儿不敢往前走,总是纠结哪个路口才是最好的选择。

他们焦虑,多半是还没开始行动,就给自己预设了最糟糕的下场,还一个劲儿地为自己辩解,觉得生活太现实,自己势单力薄,无能为力。

可是,不敢前进的人,又怎么会找到正确的道路?

一直迷茫却不肯付出努力的人,又怎么可能走出困境呢?

奥勒留写过这样一段话:"不要为将来担忧。如果你必须去到将来,你会带着同样的理由去的,恰似你带着理由来到现在。只管注意自己的行为是否正确,只管目不斜视地直赴目标。"

我深以为然。

/ 03 /

我也经历过一段特别迷茫、特别焦虑的日子,在那时,几个选择同时摆在我的面前,我既纠结又头疼,不知道该走哪一条路才好。

我看不清未来，找不到方向，总是犹豫不决。

那时的我心态不够好，凡事总往坏的方向想，总担心自己做错了选择，害怕未来会过得不尽人意。

原本有选择是好的，可是选择多了，人就会感到迷茫，在纠结中感受到压力。

好在一位朋友及时点醒了我，她和我说："你必须要弄清楚自己真正想要的是什么，人不可能什么都要，什么都去做的，所以你必须做出一个选择。而且，你做出选择后，不要轻易后悔，也不要回头，要一直往前看，你那么担忧未来有什么用，最重要的是活在当下，做好你眼前的事，不辜负此时此刻的自己！"

我按照她说的做，迅速做出了选择，不再过多焦虑，把握好当下，今日事今日毕，然后一步一步向前走。

我发现，只要迈出了第一步，眼前的迷雾就会散去一点儿点儿，只要你持续不断地行动，就会有所收获，有所成长。

全力以赴去做你真正想做的事情，等你活得越来越好，拥有越来越多的选择和机会，自然就不会感到迷茫了。

/ 04 /

这么多年，我一直观察身边那些在各行各业混得风生水起、优秀又厉害的人，从他们身上，我总结出一个优秀者的共同属性——目标清晰明确，执行力极强。

我的朋友圈里，有人专科毕业后只找到了一份月薪3000元的工作，但他从未放弃过自己，在工作之余努力精进，并运营自己的自媒体平台。短短两年时间，他成功自考专升本，自己的自媒体平台也有了起色，现在的他已经辞去了低薪工作，成了一名靠写作为生的自由撰稿人。

我有位多才多艺的前同事，他有一个音乐梦，很渴望得到一个属于自己的舞台，但在残酷的现实面前，他行进得很艰难，但他始终没有放弃梦想，平日里做着一份安稳的工作，默默努力，只为攒足梦想基金。两年前他毅然决然地辞职了，选择到北京发展。

那时候身边的朋友都在替他担忧，怕现实会将他的音乐梦打碎，多番劝阻他，可他还是义无反顾。

他从不担忧未来，也不过分焦虑，一直提升自己，为了梦想全力以赴，现在的他成了拥有百万粉丝的网红歌手，开了一间属于自己的工作室，有了自己的音乐作品，站在了更高的地方，也被更多人看到。

很多看起来很了不起的人，其实他们并没有多么特别，但和大多数人不同的地方是，他们敢想敢做，把其他人担忧和焦虑的时间都用来努力成长，不断提升自己。

所有的逆袭背后，都有无数崩溃的瞬间和日积月累的努力与坚持，而这些都是那些迷茫的人看不到的，他们焦虑于未来，浪

费着现在，所以才会在当下的困境中停滞不前。

作家岛田洋七的书里有这样一段话：如果不知道自己想要干什么，就先工作。只要工作，就可以得到米、酱油、朋友和信任。可以一边工作，一边寻找真正想干的事，千万不要游手好闲。

是的，先行动起来，行动才是破解焦虑最好的方法。当你不知道该做什么的时候，就把眼前每一件的小事做好，当你不知道从哪里开始的时候，就先把离自己最近的事情做好。别再一边担忧未来，一边浪费现在，让每一个当下都成为你渴望的将来吧。

第四章
Chapter 4

你的心态好了，
人就不会累了

———○———

认真生活，为了渴望得到的一切而付出努力，一步一步走向期待的远方，你才会越变越好，过上喜欢的日子。

不再玻璃心

/ 01 /

前不久，我在公众号办了一个抽奖活动，从关注我的人里挑选出两位真心喜欢我、一直支持我的活跃读者，送出我的签名书，我将活动信息发到朋友圈里，广而告之。

因为文章推送后，有人一下子评论了30多条，我有些反感这种行为，便在那条朋友圈下评论："是不是有些人误解了，所谓的互动，不是频繁刷屏，过度评论。"

后来我就收到了一位读者的私信，她有点儿不高兴了，因为她发了两条评论，觉得我是故意针对她，于是有些冷漠地表示，她不过就是发了两条评论而已，至于那么说她吗？再者，她也不稀罕我的签名书，最后还给我发了一句带着微笑表情的"谢谢你"。

无缘无故收到这样的消息,我有点懵,心里不怎么好受,我明明没有指名道姓,她怎么就认定我说的刷屏的人是她?

我没有发火,而是将事实告诉她,我真的没有针对谁,后来她回了一句"抱歉",并说是她自己想多了。

/ 02 /

这件事让我联想到过去某个时期的自己,敏感、脆弱、爱胡思乱想,还有一颗玻璃心。

那个时候的我,很在意别人的看法,也很介意别人的目光,无论别人和我开怎样的玩笑,我都有点儿不舒服,觉得他们是故意逗我,让我出洋相,或者成心为难我,要看我的好戏。

我必须承认,当时的我"自尊心"太过强烈,特别敏感。别人无意间对我说了一句笑话,我就会胡思乱想一通,觉得别人居心不良。

也因为那样,我很难和别人敞开心扉沟通,也很难交到真正要好的朋友。直到上了大学,我认识了很多个性爽朗、大大咧咧的同学,才开始发现自己太过敏感、太过玻璃心了。

同学们无意间的笑话,并不是嘲讽,也不是故意冒犯你,就只是表示友好和亲近的意思——这是我后来才懂得的道理。我交了不少热情大方的朋友后,发现他们都很包容我,并时刻鼓励我,偶尔开开玩笑,插科打诨,也并无恶意。

过去的我太沉闷，封闭了自己，怀揣着一颗玻璃心，一点儿小风小浪就能影响我一天的心情，实在太脆弱不堪。

戒掉了玻璃心，不再胡思乱想，也不再患得患失，我得以成长，并结识了很多性格各异的朋友，内心逐渐强大起来。

/ 03 /

实习的时候，曾遇到一位和我年纪相仿的同事小柯，他其实能力不错，可就是太过玻璃心，他总是和我吐槽抱怨，觉得他的上司看他不爽，故意刁难他。

"有好几次，我给他发信息和邮件，他都不回复我，还在会议上直接批评我，让我难堪。"他满是委屈地说，"他之所以那么对我，一定是因为不喜欢我，看我不爽！他更喜欢和我同期进入公司的另一位同事，所以处处偏袒她、照顾她，却一个劲儿地为难我。"

听完他的牢骚，我劝他别多想："你把重点放在认真工作上，工作最要紧，你把手头的活做好，让领导挑不出毛病就行。"

小柯摇摇头，叹着气说："唉，遇到这样的领导，我真的太难了。"

之后的一个月里，小柯还是遭到了上司的几次批评，他心有不甘，又没法和上司理论，只能沉默下来，带着不满的情绪做事。他每天战战兢兢地工作，仿佛上司下一刻就会无缘无故找他麻烦。

小柯最后坚持不下去了,没撑到试用期结束就辞了职。后来我从别的同事那里听说,他常常犯错,而且是同一种错误一犯再犯。他的上司并没有他说的那样严苛,处处为难他,只是因为他工作出了差错,批评他几句,希望他吸取教训,下次改正罢了。

/ 04 /

但在小柯看来,上司的批评是对他的责骂,是故意为难他,让他不好过。

他总觉得上司不喜欢他,所以怠慢了他,实际上,上司忙得很,根本没心思"针对"他。他的工作态度不好,又有负面情绪,工作出了错,大都是自己的问题,与上司无关。

同事A在谈论小柯时说:"他这个人其实还不错,可就是有一点不好,太过玻璃心,爱胡思乱想。要知道在职场里,最不需要的就是玻璃心,工作务必要及时做好,这才是最重要的,不要觉得别人故意刁难你,人家真的没那么闲工夫去整你。"

是的,无论是生活还是职场,都该戒掉那颗一击即碎的玻璃心,不要把人想得那么复杂,也不要误以为别人故意刁难你,让你过得不好。

生活中的确存在一些让你看不惯的"小人",可在多数情况下,让你过得不爽的不是别人,而是你那颗玻璃心。

有些人玻璃心,其实是自己想太多了,认为别人一直针对他、为难他，好像自己怎么做都不能做到被别人认可，觉得自己受了大委屈。

可事实上，可能很多人并没有那么多时间故意针对谁，多数情况下，你的难过不是因为别人，而是因为你自己胡思乱想，脑补一出自己被伤害的戏码。

做人不能太玻璃心，不要因为别人的误解，就觉得自己做错了什么，也不要因为别人随便的一句话，就郁闷大半天，想得太多，总是对号入座，自己只会越活越累。

别再那么敏感了，也别再胡思乱想了，戒掉玻璃心，努力做好自己的事情，让内心变得强大起来，你才能持续成长，越来越好。

真正成熟的人，早就戒掉了玻璃心。

无论如何，别让你的玻璃心，拖累了你正常的生活。

别再玻璃心。

人来人往，皆正常

/ 01 /

前不久,我和一个许久未见的同学聊天,谈到大莫时,我有些好奇地问他:"你最近有收到大莫的消息吗?我感觉他已经很久没发朋友圈了,真不知道他最近在忙什么。"

同学很惊讶地说:"大莫上个月结婚了,你不知道吗?"

我沉默了一会儿,回他:"没有。"

同学接着说:"其实你没收到消息也是正常的,大莫朋友圈都不怎么发了。他上个月结婚也没有大办酒席,听说只是领了结婚证。我也有一段时间没联系他了,他结婚的事我也是不久前才知道的。"

得知大莫突然结了婚的消息,我有些疑惑,这样的喜事不是应该大肆宣扬,和朋友分享喜悦的吗?

我点开大莫的微信,发现他的头像和昵称都换了,动态却很久没有更新了。

仔细想来,我和大莫真是许久没有联系了,只有过年过节的时候才会问候几句,或许我还当他是朋友,他却早已退出了我的朋友圈。

我看着他陌生的头像和空白的聊天记录,很想发几句祝福,祝他新婚快乐。我左思右想,写了很多话,但都删掉了,最后默默地退出聊天页面。

因为我不想突然联系他,担心那是一种打扰。

/ 02 /

每一场相遇,总会有离别的那一天。朋友走着走着,一不联系,感情就会慢慢变淡,到最后,两个人便会由从前的挚友,变成熟悉的陌生人——成长就是一路拥有,又一路失去啊。

这些道理,我都懂,只是我还是有些难过,觉得自己又少了一位真挚的朋友。

那些年的时光都已回不去,大家都有了新的生活和新的朋友,没有谁是一直停留在原地的,所以分道扬镳,既是一段关系的结束,也是新生活的开始。

正如八月长安所说:同伴,不一定非要走到最后,某一段路上,对方给自己带来朗朗笑声,那就已经足够。

不得不承认,这些年,一直有人在退出我的朋友圈,而我也在不知不觉中,退出了很多人的朋友圈。

毕业以后,大家各奔东西,如果不在同一座城市,那么可以接触的机会近乎为零,没有特殊情况,很可能以后连一面都见不到了。

曾经无话不谈的朋友,因分别走向不同的道路,话渐渐变少,联系也不像以前那么多频繁,最后关系逐渐淡了,很可能连句祝福都不会对彼此说了。

/ 03 /

我的微信好友里,有将近一半的人都不再更新朋友圈了,他们或许已经把我屏蔽,或许是设置了分组可见,又或者他们已经放弃了朋友圈,不再频繁更新动态,也不想过多地展示自己的生活。

还有一个可能,他们直接删除了我,以决绝的姿态彻底退出了我的朋友圈。

有时想到曾经关系还不错的人删了我的微信,我便感到有些难过。但转念想想,自己也干过删除好友的事情,也设置了朋友圈分组可见,甚至不喜欢向过去的好友展示自己的生活状况——我开始理解那些朋友了,人来人往,皆正常。

毕竟,天底下没有不散的宴席。

清子和我谈起她在国庆长假参加的一个同学聚会，语气有些难过，她委屈地说："我们班同学聚会，只来了不到一半的同学，很多同学都不想来。有些人则是失联了，谁都没有他们的联系方式，你说奇不奇怪？当年那么团结的一个班，想聚都凑不齐人了。

"最让我伤心的是，我以前的一个闺蜜，结了婚，竟然没有通知我，也没有请我当伴娘！我翻遍了朋友圈，也没看到她的动态，真的好生气啊！我把她当好朋友，她却拿我当路人，毕业后不联系就退出我的朋友圈……"

清子最后感叹道："唉，过去的时光都回不去了，大家都变了。"

/ 04 /

是的，大家都变了，这世上唯一不变的就是变化本身。

不止我变了，你也变了，大家都变了，朋友的友谊其实看似牢固，却也脆弱。人与人的关系，是会慢慢变淡的，尤其是大家分道扬镳，有了新的方向和新的生活，彼此没了联系，情谊就算还在，也一定不如往日了。

所以，好好珍惜你的朋友吧，及时地联系他们，与他们沟通，多问候、多关心他们。就算天各一方，也不要因距离而疏远彼此，感情需要经营，友情也需要维持。

彼此都需要付出，才能换来依旧温热的真心。

人只要活着，就会不断遇见一些人，然后与另一些人分离、告别。很多事情，我们再不想，也无力抗拒，我们都在往前走，都在时光里慢慢改变着。

总有一些新人加入我们的生活圈，也总有一些旧友悄无声息地退出我们的朋友圈。

金庸写过这样一段话："你瞧这些白云聚了又散，散了又聚，人生离别，亦复如斯。你又何必烦恼？"

是的，聚散别离，都是生活的日常，以后我们习惯了，就好了。

曾经的陪伴都是真的，后来的离散也是真的。

他们曾一路陪伴你，你就该心存感激。

如果你不想失去曾经的朋友，就努力维系你们的关系和感情，别让距离成为阻碍；如果你努力了却还是无可奈何，那就坦然地接受失去，纵使不舍离别，也要好好说一声"再见"。

唯一不变的就是改变

/ 01 /

这几年似乎都是流行告别的年份,我们每天都在和各种事物告别,《复联4》上映、《权游》终章、"X战警"系列完结篇,《生活大爆炸》第十二季也迎来了最终的结局。

不得不承认,过去青春无敌的我们终于长大了,不再是稚气未脱的少年了,踏入成人世界的我们,说得最多的一句话便是:"再见了。"

我们嘴上说着再见,心里却深知以后可能没有再见的机会了,每长大一点儿,变老一点儿,我们就要和更多的人告别,说更多的再见,此去一别,或许后会无期。

毕竟,90后这一代都慢慢到了开始失去的年纪。

/ 02 /

对于《生活大爆炸》的完结,我似乎有千言万语要说,可话到嘴边,却又生生咽了下去。

最后两集,我真的泪流满面。

从第一季到第十二季,演员们的模样都有了些变化,身材、脸也流露出岁月的痕迹,而剧中人物的生活也发生了变化,没有什么是不变的。

我从高中时就开始看《生活大爆炸》,那时我正学着并不擅长的理科,每次考物理和数学都如临大敌,考砸了很多次,最糟糕的时候我想要放弃高考了。

看《生活大爆炸》是出于偶然,起初我对一群理工宅男的日常故事并不感兴趣,甚至觉得剧的评分有些虚高,但我还是坚持看了下去。

没想到我越看越喜欢,甚至觉得自己也和剧里的主角一样——一样奇葩,一样宅,一样不懂社交,我就像找到了同类一样兴奋,觉得自己和他们唯一不同的是他们都是聪明过人的理科学霸,而我却是个常常考砸物理的理科生。

一晃这么多年过去,一想到要和他们道别,我就心怀不舍,思绪万千,复杂的情绪如潮水般涌上心头。

我既无奈又心酸,有股说不清的难过。

我在这么多年里,也经历了很多,有了很多变化:我顺利通过了高考，还考了一个在别人看来还算可以的成绩，去了喜欢的城市读书，可惜专业却是陌生的工科；

以为上了大学就能摆脱理科的阴影，没想到我还是继续被化学、物理纠缠，我挣扎了好久，也焦虑过，痛苦过，感觉自己撑不到毕业那天，可最后我还是挺过来了，化学学得还行，专业课也没难倒我，毕业设计我也完成得很满意；

再后来，我出了好几本属于自己的书，从一座城市搬到另一座城市，面临很多选择，认识了一些人，又与一些人分别……

我和他们一样，都在经历着变化，所以对谢尔顿在获得诺贝尔奖后感到无法接受这点感触很深。

谢尔顿在获得诺贝尔奖后，格外抗拒疯狂的记者、同事的关注以及周围事物的变化，连公寓终于修好的电梯都让他无法接受。

好在，谢尔顿最后还是在佩妮的指导下，明白了"唯一不变的就是改变"这个道理，终于开始接受自己人生中发生的变化。

/ 03 /

《生活大爆炸》的最后一集，没有烂尾。每个人在这些年里都有了变化，真是可喜可贺：公寓的电梯终于修好了；谢尔顿终于拿到了诺贝尔奖，同时意识到了自己的问题；艾米开始改变自己的造型，不再一味迎合谢尔顿；莱纳德与母亲和解，并和佩妮有了孩子；霍华德和伯纳黛特一家四口很幸福；拉杰在最后一集遇见了女神，应该会展开一段新缘分……

一切都在朝着好的方向发展着，前进着，改变着，一切都好起来了。

最感动我的是谢尔顿的改变。诺贝尔奖领奖那天对他而言是很重要的日子，所以他丝毫没有考虑别人的感受，依旧尖酸刻薄地对待所有人，让他们生气得想要离开，但最后佩妮、莱纳德、霍华德他们还是选择留了下来，一起见证他们最好的朋友人生中这一重要的时刻。

谢尔顿在颁奖现场的那段发言，说得我泪目。

他放下了之前精心准备的长篇大论，而是真诚地对朋友们说："抱歉，我一直不是一个称职的朋友，但我希望你们知道，我用我的方式，爱着你们所有人……"

这么多年，谢尔顿真的变了很多——他从最初那个一直单身、不愿结婚的刻薄青年，变成了能够一本正经和艾米说情话、愿意为朋友做出改变的人。他真的成长了，也试着改变了，他用自己奇葩的方式爱着大家，而大家也一直默默包容他——

因为，他们是最好的朋友。

/ 04 /

很多人都很羡慕他们，觉得他们就像《老友记》一样："和最好的朋友住在一起，对门是心爱的姑娘。"而现在变成了："我和心爱的姑娘住在一起,对门是我最好的朋友们。"

他们真的活成了很多人心目中最美好的生活。

人生能拥有这样一群真正的朋友,真的非常幸运——而陪他们一路走过、哭过、笑过的我们也很幸运。

十几岁时遇见《生活大爆炸》,在我最年少、最美好的时光里,他们陪伴我度过了很多难忘、难熬又愉快的日夜,我心怀感激,谢谢他们一路陪伴。我想我以后很可能不会再花十年时间去追一部剧了。

这样的结局是圆满的,他们还有很多很多故事会发生,但注定与我们无关了,或许他们有一天也会面临分别,所以停留在此刻是最好的。

就像结局的画面,他们一群人坐在客厅里,像往常一样吃着东西,大家气氛融洽,有说有笑,仿佛他们可以一直这么过下去。

《生活大爆炸》是喜剧,但想想,它也是一部励志的人生剧:到故事最后,每一个人都有所成长,有所改变,大家都收获了许多,都成了一个更好的自己,最重要的是,他们的梦想大部分都实现了。

或许你现在还是一个会担心、害羞、懦弱、奇葩的宅男,但终有一天,你也会找到自己的朋友,遇到喜欢的人,走上属于的道路,活成你所喜欢的自己。

希望作为观众的我们也能和他们一样,继续在人生之路上走下去，为了梦想而坚持，不断向前，持续更新，越挫越勇，走向真正属于自己的道路，过上自己渴望的生活。

霍华德曾说："不是每一个人都会做出惊人的成就，绝大部分人终其一生都默默无闻，而我们要做的就是在生活的点滴中寻找生命的意义。"

是的，我们不是天才，也不是科学家，但身为普通人的我们也能找到自己的出路，通过努力活成独一无二的模样。

/ 05 /

尽管再不舍，我们也还是要笑着和他们告别，谢尔顿、莱纳德、佩妮、霍华德、艾米、拉杰、伯纳黛特："谢谢你们，你们对我而言真的很重要。谢谢一直以来的陪伴，永远爱你们，爱你们一千遍！"

那么，就让我默默哭一小会儿，哭完了，我就要继续前行了——

It all started with a big bang！

放心，我也会好好的，更认真、更努力、更踏实地生活，在自己的宇宙里，完成一场又一场的惊喜大爆炸。

希望重逢之时，我已成为一颗能独自发光的星辰。

岁月不饶人，我亦未曾饶过岁月

/ 01 /

最近，很流行三年生活变化的对比图，很多人都在社交平台上用图片和视频展示了三年来的变化，我身边不少朋友也晒出了对比图，不得不说，这三年里，很多人都有所成长，有所改变。

世界上没有什么是一成不变的，我们都在以或快速或缓慢的方式前进着、成长着、改变着。

大李三年前还在上大学，每到期末考试就去图书馆占座，披星戴月地复习。为了考过英语四六级，他每天疯狂刷题。最难熬的是临近毕业的那段日子，他为了改毕业论文通宵了好几个夜晚，天天在朋友圈里抱怨自己一天只能睡几小时，为了准备答辩不仅吃不好，还出现了掉头发的现象。

而这一年，他已有了一份稳定的工作，并适应了当前快而忙碌的生活节奏，虽然偶尔加班，但他也不再过多抱怨。

他说："现在的我处于职场上升期，我不想过早追求安逸的生活，现在我的工作忙碌充实，也积累了很多经验，感觉比以前的自己更棒了。"

是的，大李比起过去那个毛躁、粗心的自己，已经变得更成熟稳重，不仅做事细心，而且踏实肯干，俨然一个"打工人"的模样。他直言自己很喜欢现在的生活，并愿意付出努力，不断前行。

/ 02 /

小末三年前在备战考研，每天早起赶到图书馆占座复习。在考研期间，她戒掉了一切娱乐活动，不再玩游戏、追剧、看电影，朋友圈也关闭了，不想受到外界任何的干扰。

她下定决心，一定要考上一所985大学的研究生，不达目的誓不罢休！

那一年暑假，她没有回家，留在学校里安心复习。在最热的天气里，她埋头苦读，疯狂看书刷题，一个暑假下来整个人看起来消瘦了许多，但她没有任何抱怨，态度执着而坚定，怀抱着一往无前的勇气在考研大军中冲锋陷阵。

后来她顺利拿到了心仪大学的录取通知书，那一刻她喜极而泣，觉得所有的汗水和努力都有了回报。

小末说:"这些艰难又忙碌的日子,我会终生难忘。仔细想想,这些年我对未来抱有期待,虽然我也时常感到迷茫和焦虑,但我一刻也没有停止前行,我还和过去一样,一直成长着,从未后退。这几年,我变得更好了。"

/ 03 /

林琳毕业后没有直接工作,也没有考公务员,而是给自己放了一个小长假,开始了为期一年的间隔年,到澳大利亚边打工边旅行,用一年的时间来看广阔的世界,体验不一样的人生。

每当看到她在朋友圈晒的旅行照片,朋友们都很羡慕她,觉得她洒脱自由。

其实林琳也有苦恼,她的生活不只有旅行,为了生存,她需要每周工作,做各种各样的兼职,有些比较轻松,有些比较折腾且累。

作为一个女生,林琳一个人生活在国外确实很不容易,她曾遭遇过一些不愉快的事情,失落过、受伤过、也痛哭过。每逢佳节,她都很想念家乡的父母,有时冲动得想直接飞到父母身边,不再忍受孤独,好在每一回她都坚持了下来了。

在澳大利亚的一年,她懂得了如何一个人生活,更明白了工作的意义和赚钱的艰辛。回国之后,她紧紧抱住父母并大哭起来,说道:"外面的世界再美好,也不如小家温馨。"

现在的林琳在一家外企工作,有着还不错的收入,过着精致的生活,还交了一个非常喜欢她的男朋友。事业、爱情两不误。

/ 04 /

我身边的不少人,在这些年里都有了或多或少的变化,就像白雪皑皑的地面,落下了岁月或深或浅的痕迹。

他们有的考了公务员,生活稳定;有的出国留学深造;有的辞了银行的工作,自己创业;有的已经谈了好几年的恋爱,即将踏入婚姻殿堂;还有的人转了行,继续在大城市漂泊,为了遥不可及的梦想奋斗……

而我这些年也有了不小的变化,从一座城市到另一座城市,开始了崭新的生活,认识了一些朋友,努力工作着,坚持写作并陆续出版了几本书。一路走来,不断受挫,不停成长,有得到也有失去,但我不后悔自己做出的选择。

有一晚,我和朋友聊到身边人的变化,颇有感慨:"时光真是转瞬即逝,十几岁的时候,以为成年人的世界很美好,可真正长大成人,才发现大人的生活里没有容易二字。过去,觉得30岁离我们遥遥无期,可现在,90后都已经30多了。"

朋友笑着说:"是啊,时间过得太快了,一切都在改变,我们也一样,每一天都在变得更老一点儿。"

以前我害怕变老,有点儿畏惧30岁,担忧更远的未来,但现在我的心态转变了，变得更自在，也更坦然了。

因为我已明白，我们无法与时间对抗，该来的总是会来的，该变的谁也没法阻止。我们要不断努力，一直前行，不必纠结过去，担忧未来。

"没什么大不了的，因为在变老的路上，我们都越来越好了。"

随着年岁渐长，我们终究改变，可喜的是，我们一直在那条变得更好的路上步履不停。

岁月不饶人，我亦未曾饶过岁月。

你才25岁,可以成为任何你想成为的人

/ 01 /

我朋友圈里经常有人分享《25岁的男生,该有多少存款》《25岁的你,存款多少了》这样标题的文章。

我抱着好奇心,点进去一看,嗯,不出意外就是一条广告,前面讲了大量同龄人怎么缺钱,怎么工作,怎么赚钱的事儿,最后点明中心——我们是打广告的,小白理财课,投资自己,先到先得,快点儿来买吧!

是不是感觉很套路?

相信不少人还真被这个标题给唬住了,忍不住点了进去,然后看到同龄人年纪轻轻就赚得盆满钵满,有些心虚,又有些自卑,很快就开始焦虑了起来。

前几天,有朋友和我诉苦,觉得自己混得太差了,他很无奈

地说:"我感觉好迷茫,好焦虑,常常觉得自己没什么本事,工资不高,上班也存不下多少钱,一想到持续攀升的房价,我就发怵。看到那些贩卖焦虑的文章后,我真的开始怀疑人生了。"

在朋友看来,一事无成的自己有些失败,工作两三年了,存款还不到六位数,买不起车,更买不起房,比起网上那些动不动就年薪百万的同龄人,他觉得自己好没出息。

他问了我一句:"你觉得25岁的男生有多少存款才算正常呢?"

/ 02 /

说实话,我实在不知道该怎样回答这个问题。

因为每个人的25岁都是不同的,在千差万别的个体里,很难立一个统一的标准。

再者,我们也不需要用存款多少去衡量一个人,难道存款多就意味着优秀、厉害和成功吗?

或许在世俗的观念里,用钱来衡量一个人的潜力是普遍的,毕竟物质很重要,谁都想赚得多一点儿,钱包鼓一点儿,生活好一点儿嘛。

到了25岁,有的人已经工作两三年了,工作稳定,有存款;有的人已经结婚成家,有房有车,甚至连孩子都有了;而有的人研究生刚毕业,还没正式上班,没有存款;有的人本科毕业后选择继续深造,考研读博,一路向前……

境况不同，经历不同，所选择的道路也不同，又何必非要套在同一个框架里比较谁强谁弱呢？

其实，很多人焦虑的原因很简单，也很现实，那就是——穷，没钱，或者说暂时没能赚到足够多的钱。

/ 03 /

现代人为什么越来越焦虑了？

因为在互联网时代，信息爆炸，我们每天都能接触到海量的信息。比如，某个网红直播带货一天赚几百万；某人自己创业当起了老板，买了别墅还开起了豪车；朋友圈里也有一堆你认识的人有意无意地展露自己的现状：去国外旅游，升职加薪，买房买车，结婚成家，有了孩子，家庭美满……

每天看到这么一堆信息，你想不焦虑都难。

尤其是在看到那些和你年纪相仿的人一个个都获得了令人瞩目的成绩，譬如什么一夜成名、年薪百万、豪车别墅在手、实现财务自由啦，你心里不免有些失落。

你会想，同是年轻人，别人是怎么赚到那么多钱的，怎么当上老板的，怎么一夜成名成为网红的，他们是怎么逆袭成功的？

而自己，怎么还是老样子，原地踏步，没有实质性改变——钱没赚到，存款没多少，工作也无成效。和别人比到最后，你自惭形秽，焦虑不已，甚至有些怀疑人生。

你羡慕那些和你年纪相仿，却率先实现了梦想的年轻人；你羡慕那些看起来比你还差劲，却早早实现了"财务自由"的同龄人。

你的脑子里渐渐只会剩下一种情绪——焦虑。

/ 04 /

其实，你何必要和别人比较呢？

这个世界是参差不齐的，我们都生活在巨大的差距中。你要和那些百万分之一的优秀人比较，那么你必定会感受到巨大的落差。

生活是你自己的，你为什么非要按别人的标准来要求自己，规划自己的人生呢？

你25岁，有着一份稳定的工作，不多的存款，但没关系，你的人生才刚刚开始，无须太慌张，未来岁月漫长，然而值得等待。

25岁的时候你可能"精致穷"，但那不代表你会一直这样下去。

网上有这样一首戳心的诗：

纽约时间比加州时间早3个小时，
但加州时间并没有变慢。

有人22岁就毕业了,但等了5年才找到好的工作。

有人25岁就当上了CEO,却在59岁去世。

也有人直到50岁才当上CEO,然后活到90岁。

世界上每个人本来就有自己的发展时区,

身边有些人看似走在你前面,

也有人看似走在你后面。

但其实每个人在自己的时区有自己的步程。

不用嫉妒或嘲笑他们。

他们都在自己的时区里,你也是。

所以,放轻松,你没有落后,

在命运为你安排的时区里,一切都准时。

我深以为然。

/ 05 /

很多人都说自媒体作者喜欢贩卖焦虑,有些自媒体确实有煽动网友情绪的倾向,但我认为焦虑本身是正常的,每个人、每个年龄段都会遇到各种各样的难题,焦虑在所难免。

真正重要的是,你可以保持清醒,不用他人所定义的成功来评判自己,也别拿世俗的标准来衡量自己。无论如何,这就是你的人生,你不该被他人的价值观绑架与束缚,我们应该活在自己的期待中。

别人所追求的、选择的和拥有的，不一定是你真正渴望的，而那些世俗定义的成功标准你也不一定发自内心地认同。

你要真正想清楚自己要的究竟是什么，而不是让别人拿着各式各样的标准来评判你、衡量你，和所有人都套在一个你不喜欢的框架里。

记住，你现在的生活是你自己选择的，与其抱怨，不如改变。

如果你觉得钱很重要，那就好好工作，努力赚钱；如果你想读书，那就考研读博，继续深造；如果你渴望早日成家，那就积极主动，和喜欢的人好好相爱……

有这样一句电影台词：你才25岁，你可以成为任何你想成为的人。

在我看来，这句话的关键词不是"25岁"，而是"你想成为的人"，只要你愿意，只要你足够渴望，并有勇气与毅力，肯迈出改变的步伐，那么年纪不是什么大问题，你能想通这点，自然就不会跟风焦虑了。

与你共勉。

认真生活，过欢喜日子

/ 01 /

前一阵看到一个扎心的话题：第一批90后都已经31岁了，我和很多网友一样，偶尔也深感不安，觉得时光过得太快了，青春转瞬即逝。

我时常有种错觉，觉得自己还未老去，仿佛十七八岁就在昨天一样，可仔细想想，高中时光都是好些年前的事情了，我身边的90后都集体奔三了。

20岁出头的时候，我是真觉得自己还很年轻，每当听到有小孩称呼我为叔叔，我都会原地愣住，并在心里吐槽小孩的不懂事："我有那么老吗？请叫我哥哥，谢谢！"

后来才渐渐习惯了被小孩称呼叔叔，毕竟差了人家十几、二十岁，我也实在没什么脸皮当人家的哥哥了——但，我也只是承认了一个客气的称呼而已，我并未觉得自己老了。

可是，当越来越多比我年轻的人出现在我身边时，我感到一丝的惶恐与不安。当99年的小姑娘开始自称老阿姨，我暗笑她们不懂事；当00后开始进入大学，甚至步入职场实习，我有些慌了，开始学着同龄人拿着保温杯泡枸杞喝，"佛系"养生……

/ 02 /

有位读者给我留言："唉，我结婚三年了，快要生二宝了，心好累，才23岁的我感觉自己已经老了。"

我当下倍感意外："你23岁就结婚三年了？二胎都要生了？"

这是什么人生节奏呀？你是坐了火箭吧！

和我朋友谈论过年龄的问题，大家都是20多岁的人，虽然还年轻着，却也敌不过00后的青春了。我问他们："你们觉得自己老了吗？"

小馨苦笑了一番："现在的年轻人一个比一个装，尤其是那些大学生，00年就自称是老阿姨了，让我这个95后情何以堪？"

"唉，照他们这个说法，我们就快成老婆婆了，80后都成老古董了。"清子忍不住吐槽，"估计在他们眼里，爸妈那一辈就是活化石了吧。"

"说正经的，你们有没有心生恐慌，觉得自己真的老了？"

"有啊，当我发现自己长了几根白头发，并且掉发越发严重的时候，我突然就觉得自己没那么年轻了。"小馨小心翼翼地抚摸自己的头发,"我可不想这么早就发际线上移,变成难看的秃头老阿姨!"

清子叹着气说:"当我发现公司里已经有99年的实习生时,我感觉自己真的不小了,据说我们组下个月还会过来一个00后——我不知不觉都成为00后的职场前辈了,可不是老了吗?"

清子停了一会儿,想了想又说:"话虽如此,可我即便20多岁了,但心里还是觉得自己没长大,就像是宝宝一样,需要人宠,需要人哄——虽然没有这些也行,但我就是期待着还会有人宠我。"

小馨点着头,表示万分同意。

聊了好久,我发现大家都有一个意识:虽然都20多岁了,但仍在心里觉得自己还是个宝宝,不愿长大和变老。

/ 03 /

为什么步入30岁,人就会异常恐慌?

因为大多数人都被"三十而立"这句话束缚住了,我以前也是如此,觉得30岁最好能拥有一切——可是想想,三十而立,并不是单纯指你成家立业,更多的是你真正地成熟起来,能够承担责任,面对风险,拥有一往无前的勇气。

真的,你不必局限于"三十而立",就算你30岁依旧没结婚、没买房、没孩子,也没什么大不了的。

谁规定到了30岁就必须做好这些,拥有一切?

我不同意"人在什么年纪就要做什么事"这个观点，因为它限制了很多，束缚了你的自由。

毕业没多久就想着买房买车，却不考虑经济情况，每天愁眉苦脸，焦虑得很——这是缺乏耐心，太渴望那种世俗所定义的标准成功。

正是有着各方各面的焦虑与困扰，才让很多年轻人陷入了困境，只能心虚地逃避现实，不愿长大，不愿承受过多的压力和责任，只愿做个无忧无虑的宝宝。

可是没办法，我们毕竟真的长大了，再逃避现实也无济于事，就算你不愿承认，也得明白，你已经不再是小孩了。

20多岁，还没老，30岁也可以年轻——所谓的年轻，更多的是一种心理状态：永不妥协，永不服输，拥有一往无前的勇气。

到了一定的年纪，希望你能接受一个现实，那就是你不再是小孩子了，你失去了任性要赖的理由，你要开始面对你人生中各种各样的困难和问题，你不能逃避责任，也无法再给自己的人生找借口了。

你并非老了，只是你不再是当初那个懵懂无知的小孩了。父母在一天天老去，你以后就要成为他们的避风港，为他们遮风挡雨了。

记住，生活再难，压力再大，你也别颓废消沉，别做迷茫无措、只懂浪费时光的小孩，摆脱巨婴心态，承担起责任，将压力转化为动力，认真生活，为了渴望得到的一切而付出努力，一步一步走向期待的远方，你才会越变越好，过上喜欢的日子。

用心生活，向上生长

/ 01 /

"想要在大城市里买一套属于自己的房子，真的好难啊！"朋友小斌已经不止一次和我这样抱怨了，每次提到房子的事儿，他都眉头紧锁，大吐苦水，语气无奈。

"我们这代年轻人真的有点难了，现在房价那么高，就靠那点儿死工资，我想买套房连首付都拿不出。就算买了房又怎样，还不就是当房奴，每个月累死累活，拼命工作，按时还房贷吗？别人是活得很稳定，我是穷得很稳定，想想还真是挺没劲的。"

"现实大概如此，你想怎么样呢？"我问他。

他叹了口气，"不怎样啊，我不靠父母的话，可能很难在30岁前买房买车了，所以我已经想开了，有句话说得好，只要我自己躺平了，就没有人能把我击倒。"

话是这么说，但我还是觉得小斌有些不服气、不甘心。他有事没事就发牢骚，一个劲儿地抱怨生活不易，好像生活一眼就能望到头，看不到任何希望。

现在的他活得懒散又沮丧，完全没有了往日的蓬勃朝气。

我安慰他道："你别那么悲观，凡事别都往坏处想，或许现在的房价对你来说高不可攀，但你慢慢存钱，开源节流，再搞点儿副业，等你工资涨了，收入提高了，到那时首付可能就不是什么大问题了。"

他撇了撇嘴："你想得过于理想状态了，就我那寥寥的死工资和居高不下的房价形成鲜明对比，副业也不容易成功，又辛苦又累，要是赚不到钱，我不就白忙一场了？等我有了积蓄，到时候房价可能又涨一倍了……"

"你总是这么消极，只会一直焦虑而不付出行动，又怎能变好？你怎么就这么笃定自己不行？你连一点儿努力都不肯付出，生活怕是永远不会改变了。"

在我说完那番话后，小斌沉默了下来，他大概也察觉到自己的不对劲了。

/ 02 /

生活中像小斌这样的年轻人真的很多，他们一边抱怨在大城市买房很难，一边又不肯付出行动和改变，态度敷衍又消极，一心只想"躺平",对工作失去了热情,对未来的生活失去了信心,一有什么不如意就抱怨现实,觉得一切都是现实的错。

现实的确冷凛残酷,但你不要因此自暴自弃,丧失希望。

如果心里连一点儿希望都没有,你又怎么可能熬下去?

有时候,你必须熬过夜晚,才能迎来晨曦,你熬过寒冷的冬天,才能等到春暖花开的日子。

对于一个初到大城市工作的普通年轻人来说,城市的房价的确很高,让人望而生畏,如果没有父母的支持,要买房单靠自己的力量真的无比艰难。

但我认识不少朋友,他们家境一般,却靠着自己的努力,实现了经济独立,并在一线城市拥有了自己的房子。

莞莞是一名大专生,家境不好,资质也一般。在她老家有不少和她同龄的女生,高中都没念完就到深圳的工厂打工了,等到她大专毕业,别人都已结婚生子了。她家里人对她也没什么期待,就指望着她早点儿成家,于是催她回家相亲,并让她在老家考公务员,安安稳稳地过日子。

可莞莞不甘心,她只身一人来到了广州,毫无依靠的她从踏入这座城市的第一刻起,就下定了决心要留在这里,她不想听从父母的安排相亲结婚,也不想一辈子都在小地方待着。

/ 03 /

在广州生活大不易,在最初的日子里,莞莞过得并不顺心。为了省钱,她住在偏远的城中村里,每天海投简历,四处去面试,不知被拒了多少次的她最终选择了一份月薪3000元的工作,在一家小公司里做文案,每天起早贪黑,奔波忙碌。

这份月薪低的工作并没有让她退缩,她努力融入职场,不断给自己充电,在别的同事谈着周末要去哪里逛街、聊着一些有的没的八卦时,她把精力全用在了提升自我上。

为了赚钱,她尝试了各种各样的兼职:写文案、做微商、摆地摊、公众号投稿……下班后,同事们都在放松休闲,而她给自己报了很多课程,逼着自己学习如何写作和运营自媒体。

她做副业之余,工作也没有落下,表现出色的她很快得到了加薪升职,但她并不满足,于是选择跳槽到了一家互联网公司,继续在职场里"打怪"升级。

身边的同事都在抱怨房价贵,靠工资完全付不起首付,而莞莞却很自信,坚信自己有朝一日能在广州扎根。

她头脑很清晰,自知靠工资只能赚得有限,于是想通过别的途径拓宽自己的收入渠道,不断给公众号投稿赚取稿费,同时运营自己的自媒体账号,在那段时间,她几乎把所有的空闲时间都拿来写作、阅读和学习了,成长得很快。

慢慢地,她每个月的稿费赶超了工资,因为接连写出10万+

爆文，她的账号涨粉飞速，在拥有一定数量的粉丝后，她单靠接广告就能养活自己了。

尧尧并不满足于这点儿成绩，她在写作之余还自学摄影和剪辑，那会儿短视频正在崛起，她瞄准了时机，靠着几个精心剪辑的视频就上了热门，一夜涨粉几十万，广告邀约也因此蜂拥而至。

在那之后，尧尧辞了职，全职做自媒体，成了一名网红博主，真正实现了财务自由。野心勃勃的她还顺势创了业，成立了自己的工作室，开展了MCN业务，签约了一批自媒体作者，将自己的事业做得越来越红火……

如今的她已经在广州买了房子，身边的亲朋好友因此对她刮目相看。很多人都说她恰巧赶上了自媒体红利期，站在了风口上，才拥有了今天耀眼的成绩，可我却觉得她的成功并非偶然，如果没有坚持和努力，她绝对不会在千万人里脱颖而出，成功逆袭。

/ 04 /

尧尧曾和我说过这样一句话："一个拥有格局和野心的人才会改变自己的命运，在月薪只有3000元的时候，我就笃定我以后一定能赚更多钱，我有那个自信，并且坚持了下去，所以我的生活真的改变了。"

或许你现在依然很焦虑，又穷又迷茫，但请你不要放弃希望，自暴自弃。现实或许很难以改变，但你可以改变自己，与其怨天尤人，不如积极进取，不断改变，给自己的未来寻找另外一种可能。

如果连你自己都不敢相信自己美好的未来，你的生活又怎么可能变得越来越好？

电影《飞跃疯人院》里有这样一句台词："你们一直抱怨这个地方，但是你们没有勇气走出这里。"

你要有改变的勇气，如果不满足于现状，那你就多做一些尝试，努力摆脱困境，寻找新的出路，而不是停滞不前，自怨自艾，得过且过。

你现在月薪很低，存款为零，那就开源节流，试着做些可靠的副业，积极工作，努力升职加薪，拓宽收入渠道，而不是一味地吐槽叹息，觉得房价高不可攀。

如果你不满足于当前的工作，那就先提升自己的能力，积攒职场经验与人脉，把简历打磨好，看准时机就跳槽，去做你真正喜欢的工作。

每个人都很辛苦，成年人的世界里，没有谁是过得轻松的，所有好走的路大都是下坡路，你想变得更好、更强大，就必须学会忍耐，披荆斩棘，一往无前。

改变世界很难，但改变自己很简单，把抱怨生活的时间都花在提升自我上，你的生活就会在不知不觉间发生改变。

人生就像一只大型储蓄罐，你投入的每一分努力，都会在未来的某一时刻回馈于你。而当下你要做的，就是每天多努力一点儿，让自己一天比一天有所提升，日积月累，你的生活自然会有翻天覆地的变化。

抱怨无用，吐槽无用，叹息无用，还沉浸在各种负面情绪的你，是时候清醒了。

从现在开始，用心生活，向上成长吧，在时代的浪潮里做个弄潮儿，等你变得足够强大的时候，再回过头看，会发现当初阻拦你前行的并非峰峦，而只是一个泥坑。

第五章

Chapter 5

祝你今天快乐

你所向往的生活,不必在别人那里寻找。生活不在别处,就在我们身边,风景处处不同,熟悉之地亦有美好风光。

生活不在别处

/ 01 /

最近一个星期都是阴雨天,空气潮湿阴冷,天灰蒙蒙的,气压很低,让我打不起精神来。

我和朋友感慨惬意的秋天来去匆匆,一转眼就到了万物肃杀的冬季,不得不裹上大衣抵御凛冽的北风和冬日的严寒了。

朋友却说:"冬天有什么不好的,我这边还很热,都快十二月份了,气温没怎么降,我穿件薄衬衫走在路上都会热得出汗,真心难受。

"真羡慕你那边有冬天,可以穿大衣、戴帽子、披围巾,看漫天飞舞的大雪,而我这边的冬天迟迟不来,就算来了,也不会很冷,更不会下雪。"

听到朋友这番话,我下意识地反驳她:"这边的冬天没你想象中那么美好,寒风刺骨,还没有暖气,室内和室外一样冷,而且那种冷是钻心的冷!这段时间一直下雨,又冷又潮湿,走在街上得小心翼翼地,不然会滑倒。最重要的是阴雨天气,天空灰蒙,没有阳光,气压很低,严重影响人们的心情,而且你以为这边冬天就一直下雪吗?不,一年也不过只有两三天下雪而已……"

朋友却不同意我的看法,依旧固执己见:"哼,在我看来,你那边的冬天比我这里好多了,至少还能看到皑皑白雪,有美好的冬日氛围。"

/ 02 /

朋友和我开始争论起来,你一言我一句,看起来都很在理,但谁都没有说服谁。

我反驳得累了,便回她一句:"你既然这么喜欢下雪的冬天,可以考虑搬到北方来。"

朋友沉默了好一会儿,才说:"唉,如果真要我到北方生活,我肯定是不愿意的,我想看雪去北方旅行就好,没必要一直待在那里。"

和朋友聊完天,我发现一个很有意思的地方,那就是我们都不承认自己所在的地方很好,而是互相向往对方的生活,总觉得我们没有到达的地方特别的美好。

想起网上的一句话:所谓旅行,不过就是从一个你待腻的地方到别人待腻了的地方去。

在一个地方生活得久了,你就会对很多事情习以为常,觉得所在之地没有风景,无限风光尽在自己没有涉足过的地方。

我们总会时不时地羡慕别的地方的人,渴望换一种生活方式,看看不一样的风景,体味不同的人生,越是这样期待新的地方,就越是对自己生活的环境感到反感和厌倦。

/ 03 /

有一个周末,我和小单相约一起跑步,跑着跑着就跑到了我的住处,我住处附近有一座公园,公园里种着翠绿的树木和色彩斑斓的鲜花,还有一个波光粼粼的湖,沿着石道走,会看到很多散步、骑车和锻炼的居民。

小单和我一起走进了公园,悠悠地走在石道上,呼吸着清新自然的空气,然后坐到湖边的木椅上小憩,安静地看着橙红如盘的夕阳缓缓落山。

夕阳的余晖将晚霞点缀得格外绚烂,湖面映照着晚霞和落日,波光粼粼,美不胜收。

一阵又一阵和煦凉爽的清风从湖边吹来,吹动我们的发梢,舒服而又惬意。

小单一脸享受的模样,还忍不住拿出手机拍了好几张照片,对我说:"我真羡慕你啊,住在公园附近,这边风景那么美,空气又清新,实在太美好了,你可以在这边散步、骑车,还能看夕阳,悠哉游哉的,真好,不像我住的地方太过喧闹,车水马龙,既单调又无聊。"

当时我摇着头,回他:"这有什么的,这些风景看着是不错,可待得久了,你可能也会看腻的。"

所谓熟悉的地方没有风景,不过如此。

现在想想,我住的地方真的有不少风景,春天时有绿油油的草坪和艳丽的花蕾,盛夏时有茂盛的大树和温柔的晚风,秋日有金黄的落叶和潺潺的湖水,冬日一场大雪过后银装素裹的世界更是赏心悦目。

一年四季,总有不同的旖旎风景。

只是在这里待久了的我,早已失去了原先的新鲜感,不再将其视为风景,也没了拍照的闲情,而把那些景象都当作寻常风光。

/ 04 /

米兰·昆德拉说:生活在别处。

我们哪怕活在一片风景之中,却仍满心期待地去外面的世界看看,诗和远方一直牵动着我们的心。

就好像得不到的才是最好的,看不到的风景才是最美的。

有位同学在大学时常常与我结伴同行,去了好几个城市旅行,我们在陌生的城市里留下了足迹,拍摄了不少照片,可毕业之际，那位同学却很遗憾地和我说，大学四年常常到别的城市旅行，却忘了好好逛逛南京。

"我没想到我在南京待了四年时间，却还有好多知名景点没有去，紫金山、梅花山、中山陵、牛首山、老门东……以前我总想着自己就在南京，时间那么多总有空去的，可一转眼四年就过去了，我已经来不及去逛本地各景点了，唉，真的好可惜。"

同学毕业后就离开了南京，奔赴深圳，如今他忙于工作，无暇旅行，再也没回过南京。

再谈起这事，还是很后悔，后悔明明有那么多时间，却不好好逛逛南京城，总觉得外面的大千世界丰富多彩，却不曾留意那些美好的风景就在自己身边。

我们总是到别的地方去寻找新鲜的风景，却忽略了身边的风景；我们会羡慕别人所在之地的碧海蓝天，殊不知别人也在羡慕我们这边的雪落青山。

待在一处久了，厌倦是难免的，但还是希望你能用那双可以发现美的眼睛，去留意你身边的风景，珍惜眼前的美好，记住那些精彩的时刻，享受每一个温柔的瞬间，而不总是羡慕他人，巴望别处。

你所向往的生活，不必在别人那里寻找。

总有一天你会明白，生活不在别处，就在我们身边，风景处处不同，熟悉之地亦有美好风光。

我们日常崩溃,却也习惯性自愈

/ 01 /

在微博看到这样的话题"年轻人的日常崩溃时刻",其中一条微博点赞最高。

"持续性不想上班,间接性想谈恋爱,送命式熬夜,做梦式想暴富,间歇性崩溃,习惯性自愈。"

很多网友纷纷评论:"没错,这就是我的现状!"

"你是不是偷窥我的生活了?!"

"是年轻人没错了。"

大家对照上面列举的事项,想想自己,到底中了几条?

/ 02 /

持续性不想上班，间歇性想谈恋爱

现在的年轻人特别热爱自由，不想成天做自己不喜欢的工作，也不想"996"加班加点地忙活，想要留出自己的时间，去做一些想做的事情。

可是在当下，一份完全称心如意的工作很难找。要么工资低，要么不稳定，要么就是加班很累，没有一份工作是没有烦恼和委屈的。有人羡慕那些在互联网大厂上班的员工，觉得他们光鲜亮丽，未来可期，也有人羡慕那些安稳的工作，觉得这样没有太多压力……

生活就像一个围城，你不断羡慕着的人或许也在心里暗暗羡慕你。如今生活压力很大，工作不好找，在公司上班的人都有危机感，生怕自己哪天就会被裁掉，于是小心翼翼、勤勤恳恳地上班。

虽然你一个月里可能在心里想了无数遍要辞职，但迫于生计，还是硬着头皮继续加班，毕竟，没有工作就没有收入，没有钱还能过生活？

现在的人，别看网络里伶牙俐齿，但在现实中，保不准就是个"社恐"，连向同事打声招呼都有点儿不好意思。

常常觉得一个人挺好的，无牵无挂，一人吃饱全家不饿，但每当看到别人秀恩爱或追了一部特别甜的电视剧时，还是时不时地在心里幻想谈一场甜蜜美好的恋爱。

仔细想想，一个人也有很多不方便，一个人看电影孤单，一个人逛街有些尴尬，一个人连吃火锅都会有些不自在……特别是当你难过想哭的时候，你巴不得从天上掉下一个男朋友，然后笑着为你擦眼泪、轻声安慰你，一直陪在你身边。

持续性不想上班，间歇性想谈恋爱，是你吗？

/ 03 /

送命式熬夜，做梦式想暴富

年轻人熬夜算什么？有的人直接通宵。

你要是问熬夜干什么，他们可能也不知道有什么事好做，但光是刷手机，也能从晚上十点半熬到凌晨两三点。

年轻人的熬夜，已成为一种很难戒掉的习惯，明明知道熬夜不好，会长痘、会掉发、会变丑，但还是提心吊胆地熬着最晚的夜，敷着最贵的面膜。

明明知道熬夜相当于送命，却还是报复性地熬着，熬着熬着就习以为常、看淡一切了。

当然，熬夜没法儿解决烦恼，但幻想可以。

你是不是有无数次幻想自己一夜暴富，成为千万富翁，然后环游世界，将一切烦恼通通抛掉？

年轻人相信一句话：何以解忧，唯有暴富。

现实生活中我们很难做到这一点，也就只能羡慕别人，做做美梦了，你有这样想过吗？

/ 04 /

间接性崩溃，习惯性自愈

年轻人的崩溃总是悄无声息的，说崩溃就崩溃。

工作出了问题：被上司责难，被克扣奖金，被同事陷害；生活陷入困境：生活费不够，房租上涨，花呗要还，信用卡刷爆……

生活里无论多小的事情，都会让你心情不悦，它们就像花火，如果积累到一定程度，就会成为引爆自己的导火索，崩溃只在一瞬间，但前期实在积累了太多糟糕的感觉。

很多人常常说着"生活太难了"，动不动就崩溃，可是他们说着说着，就又继续咬着牙前进了。他们没有后退，不是只懂抱怨，而是无奈又顽强地努力着，不屈不挠，和残酷的生活对抗。

每个人都是有自愈能力的，崩溃多了，我们自然也就习惯了，不用再找人倾诉，也不必寻求安慰。我们深知，崩溃都是正常的，事情会过去的，生活会慢慢好起来的。

我们日常崩溃，却也习惯性自愈，生活很苦，但我们总能咬着牙前行，然后挤出笑来过生活。

你对上面的描述感同身受吗？

如果你真的这样，那也没关系，年轻的你依然有着掌控生活的权利，生活是你自己选的，再苦再难，也别轻易放弃。

　　如果事事都如意，那就不叫生活了，现实很苦，希望我们都能挺过难关，一点儿一点儿朝梦想靠近，通过自己的努力，让生活变得越来越好。

中年危机

/ 01 /

网上每天都有人热烈讨论着90后的中年危机,实际上,90后刚步入30+岁,就连人们常提的35岁中年危机,大部分90后还没挨上边。

网上一直在谈论90后,是因为这一届年轻人开始发声,焦点大都集中在90后身上,而那些80后、70后大多默不作声,他们可能比90后活得还要焦虑辛苦。

80后已经奔四了,35岁中年危机对大多数80后来说,是一个不可避免的难题。

前一阵子看到一则非常扎心的报道,是一位80后互联网工作者离职后不断遭遇挫折与失败的故事。

主人公叫李某,今年3月,他被迫离职了。

公司里不止他一个人被裁，一共有200多人集中离职，原因是所在的直播公司资金被冻结了，整个公司都要倒闭了。

李某舍不得离开公司，因为他是看着公司逐渐成长壮大起来的，如今公司做不下去了，他只能离开，只拿到了一个月的赔偿金，据说还是老板垫付的，而他手里的十几万期权也全部成了废纸。

/ 02 /

李某的履历看起来不错：深耕互联网，工作经验丰富，但他有个软肋——80年的他已经40岁了，这个年纪高不成低不就，一时间实在很难找到合适的工作。

李某叙述自己在离职后的经历，感到无比心酸，他从2月份被裁员，到10月份找到工作，经历了8个月。

在这期间，李某靠着给朋友帮忙，每个月才能赚几百块零花钱，"当时身上还背着5000块信用卡债务"。

他这么说道："2008年没结婚，能住在爸妈家，现在不一样了，每个月要还近6000元房贷，家里的积蓄只有5位数，工作不能停下来。"

而他的很多同事，找工作也不是特别顺利，要不就是委屈自己，降薪接受别家的offer，要么就是自己创业，拼尽全力闯一闯，一路走得很坎坷。

投了几百份简历都没有下文后,李某失落了很久,他知道自己有年龄短板,精力也有限,于是降低了期待,不再对薪资有过高要求,只是希望不低于2万。

2万对于互联网大厂来说,只是一个校招新人的价格。尽管如此,他还是四处碰壁,多次被公司拒绝。

他逐渐意识到,40岁的自己就这样被互联网公司抛弃了。

历经几个月的艰难求职后,李某总算找到了一份工作,和在前一家公司相比,李某这份工作薪资少了三分之二,到手不到8000,每月还需要交近6000元的房贷,而他妻子的工资也不高,5000元左右,两个人的收入加起来,只能保证每个月的日常消费。

/ 03 /

很多人看到这个真实的故事,都感慨互联网寒冬来了,35岁的中年危机真的非常可怕。

然而,也有人说,李某遭遇中年危机是难免的,39岁,只有大专学历,没有特别的技术,能力不够,很多工作都做不好了,之前是碰上了互联网风口才飞了起来,如今他不再年轻,一没精力二没技术,拿什么和那些211、985出来的高才生拼?现在的年轻人可是又便宜又好用,还能使劲加班不嫌累。

再者,他过去就不懂得居安思危,40岁的人,在职场打拼这么久，没有多少人脉资源，手头的存款还不算多，每月6000的房贷都要压倒他们。

这件事也给很多人一个启示：生活中并没有完全稳定的工作，世界上没有什么东西是一成不变的，说不定哪一天，你所在的公司就突然裁员了，倒闭了，到时候你该怎么办？

这个世界是现实的，职场也是残酷的。

为什么中年人会遭遇各种危机？

因为他们精力不再充沛，有些人快拼不动了，还拖家带口，不仅体力跟不上年轻人。

企业公司最先裁掉的，就是那一部分没有长进、尸位素餐、薪资还特别高的中年员工。

/ 04 /

真实的职场，其实真的比我们想象中的要残酷一些，所谓的"中年危机"并非一句玩笑，它就像一道无形的坎，有些人能轻松迈过去，遇水搭桥，逢山开路，一路畅通，即使年纪上来了，事业仍旧蒸蒸日上。

而有些人被这道坎拦住了，暴露了太多自己的弱势，没有了成长空间，停滞不前，不进则退，最后被淘汰出局。

有人说，中年危机的本质，其实就是没有做好人生规划，没有过硬的本领，也没有人脉资源的支撑，年轻时如果浑水摸鱼，得过且过，那么中年遭遇危机，就会被生活狠狠锤炼，后悔莫及。

在职场中，每个人都应该有居安思危的意识，提前做好准备，长期积累，不断提升自己，要在一个行业持续深耕，让自己变得更有价值。

为了避免以后陷入困境，现在还很年轻的你就该提前做好准备，做好自己的人生规划，积极开发自己的潜能，多学一些有用的技能，扩宽自己的眼界和人脉，不要在公司里混日子，要像经营一家公司一样，经营自己，做自己的CEO，化被动为主动，积极进取，主动出击，储存能量，而不是日复一日地重复昨天，等待生活的重锤。

在年轻的时候，多拼一拼，多尝试，多努力，试着做一些副业，掌握几项不可取代的技能，不断提升自己，给自己留一条后路，这样你在困难来临时，才不会无路可退。

有句话说得好，现在你多学一样本事，以后就能少说一句求人的话。

所谓危机，是既有危险，又有机遇。人人自危的中年危机，或许对一些人来说恰恰是人生的转机。

要知道，真正限制你的，不只是年龄，比30岁、40岁中年危机更可怕的是，你没有足够的能力。

年轻的时候如果不多做准备，不给自己留条后路，等到了真正的中年，遭遇了危机，到时你只会猝不及防。

或许每个人都会遇到中年危机，不同的是有人慌了阵脚，有人有备而来，不慌不乱。

焦虑无用，与其焦虑，不如提前规划好未来，做好充足的准备，这样在危机降临时，你不会措手不及，而有与之招架的能力，过得淡定从容。

互联网时代，一切都瞬息万变，没有什么是永垂不朽的，公司会抛弃你，职场会淘汰你，你的经历、知识和技能才是他人无法夺走的。

主动出击，总好过被动淘汰。

你要一直努力，一直成长，随着时代不断进步、改变，才能在漫漫人生路上走得更远更稳。

你想过怎样的人生

/ 01 /

某个辩论节目有一期辩题是这样的:"毕业后过得很拮据,父母愿意让我啃老,该啃吗?"

这个辩题可以说具有非常现实的意义,在生活中,有不少毕业生进入社会后,在短时间内都没法养活自己,日子过得辛酸艰难,入不敷出,只能依靠家里,向父母要钱。

当然还有一种情况,那就是自己不努力,工作不上进,浑浑噩噩,只想着混日子,却心安理得地当一个啃老族。

辩手××赞同该啃老的这一方,他声情并茂地讲述了自己艰难苦涩的北漂经历。为了赚钱,他曾到街上表演喷火,还到动物园里驯兽,他妈妈看到他辛苦打拼的模样非常心疼,希望他有困难及时告诉家人,不要自己一个人承担,扛下所有的委屈和辛酸。

他说，年轻时候可以接受父母的一些资助，这样就可以不用那么艰难地赚钱谋生，可以多做一些有意义的事情，进行学习和提升自我，再者，父母也不想看到孩子们那么痛苦地在大城市独自打拼，毫无依靠。

/ 02 /

辩手某教授站在反对啃老的一方，也打了感情牌，在他看来这道辩题具有社会意义，他更多考虑的是那些生活困难的家庭，他认为年轻人不该啃老，因为父母过得比自己还要辛苦艰难。

如果年轻人啃了老，要走了父母的钱，那么父母就会陷入困境，失去经济保障，父母更弱势。作为年轻人，吃点儿苦没关系，大城市混不下去还可以去二三线城市。父母为子女打拼了大半辈子，他们更不容易，我们应该学会体谅他们的不易，并为他们的未来着想考虑。

教授说得很感人，现场观众听后都快哭了，纷纷改投他们这一队，但我听了他的论述，觉得感动是感动，但有些跑偏了，因为他只考虑了那些无比困难的家庭，做出了极端的假设，在那样的立场上当然不该啃老。

可是，在现实生活中，年轻人要想做到完全独立，一点儿都不啃老，有那么简单吗？

/ 03 /

作为应届生,刚毕业没多久,工资普遍不高,而房租却每年攀升,光是押一付三就难倒了千千万万有梦想的年轻人。除了房租,还有水电费、伙食费、交通费、电话费等,许多年轻人如果没有家里的支持,是很难度过最初的一段日子的。

如果家庭条件允许,父母也愿意,那我认为,大学生在毕业后的几个月里接受父母的资助,是正常的。但不要视啃老为理所当然,你的人生需要自己去努力奋斗,而不是一味依赖家人。

我在生活里曾遇到过一个名副其实的啃老族大简,他今年28岁,大学毕业后的第一份工作不到两个月就辞职了,原因是觉得加班太辛苦。

大简一直待在这座城市里,从小学到大学,都没离开过。他的父母很宠他,知道他辞职后特别心疼,于是让他回到家里住,并托关系给他找了一份还算清闲的工作,只是工资不怎么高。

大简也没推辞,心安理得地住回了家里,接受父母的安排,干起了那份清闲的工作,但他工作不到六个月,又辞职了。

这回他的理由是那份工作太无聊了,每天上班都很烦,他觉得毫无意义,还不如回家睡觉。

他父母见他那样,也不好说他什么,只是由着他辞职。他回到家里,什么都不干,成天待在房间里打游戏,父母还得伺候他的日常起居和一日三餐,就像他的贴身保姆一样。

过了一年,他父母又给他介绍了一份工作,具有挑战性,工资还不错,大简硬着头皮去上班了,最后还是没干满一年就辞职了。

在大简毕业后的这几年里,他换了不少工作,但没一份工作是他真心喜欢的,往往做了半年就坚持不下去了。

父母劝他努力工作,可他偏不听,到了28岁还是没有一份稳定的工作,存款也几乎没有,工资都被他花在了游戏和球鞋上。他赖在家里,过着舒服自在的小日子,每天都有父母伺候,心安理得地啃着老。

认识他的朋友都受不了他,大家努力劝他早点儿独立,可他通通不听,他父母也是拿他没辙,只能任由他赖在家里混日子。

他的父母常常和外人抱怨道:"有他这样的儿子,真是不省心!啃老啃上瘾了,什么都不想做,我们都担心以后他没了我们,该怎么活下去……"

朋友安宁是和大简完全相反的一个人,她家境不好,父母都赚不到什么钱,一家人光是生活都很吃力了,所以她从小就特别懂事。到了大学后,她就开始利用空余时间做各种兼职,打工赚取生活费。

发传单、超市导购、咖啡店员、家教、销售,她全都干过,她努力赚取生活费的同时,不忘争分夺秒地学习,每个学期都能拿到几千块的奖学金,并且除了春节,她寒暑假几乎都留在学校,辛苦地打工赚学费,并到大公司实习。到了大四,她顺利拿下了一所知名企业的offer，工资比一般应届生高出不少。

她在大学期间省吃俭用，不仅不花家里的钱，还攒下了一万多块。毕业后工作了也有了收入，完全不需要依赖家人了，每个月她还会打钱给父母，补贴家用。

安宁说："我家里条件不好，所以从小就知道要努力学习，好好赚钱，我不想成为父母的负担，所以到大学里靠自己打工赚学费，我很庆幸自己挺过来了，现在的我基本上实现财务自由了。我不啃老，也没老可啃，我只能独立成长，靠自己生活。"

/ 04 /

其实，每个人的家庭条件都不一样，所以不能笼统地说啃老到底有没有错，年轻时稍微接受父母的经济支援不见得就是错的，如果父母有条件，我们接受他们的好意也无妨。

你可以暂时啃老，但不该一直啃老。

毕竟，啃老只能啃一时，没法儿啃一辈子，就算父母替你做好了所有安排，你又怎么能忍下心让他们过得那么累、那么苦？

父母也不容易，作为子女要多多体谅他们，而不要心安理得地当一个混吃等死、坐吃山空的啃老族。

没有人能一直陪伴你，照顾你，守护你，为你遮风挡雨。你的人生，归根结底还是你自己的，你想过怎样的生活，都要通过自己的汗水和努力去换取。

作为一名成年人,只有做到独立自主,不依赖家人,才算真正的成熟,而所谓的独立不只是简单的口号,最起码,你得要独自养活自己。

那些只会混日子、不求上进也不肯努力的啃老族,看似生活悠闲安稳,但说到底,他们是没有璀璨未来的。

所有的大人都曾是孩子

/ 01 /

6月1日,儿童节。

这个节日其实在很久以前就和我们这些大人没什么关系了,但每到这个日子,我们还是不免想要说点儿什么,做点儿什么。

像是某种纪念,更是回忆那一段再也回不去的童年时光。

说起童年,你会想到什么?

我会想到很多很多玩具、游戏、漫画、小说、动画和零食饮料。

我会想到炎热的暑假、无聊的周末、拥挤的街道、散发芳草气息的菜园。

我会想到以前常和我打闹的小伙伴,还有邻居家那条有点儿可爱的狗。

我会想到那些无所事事又悠闲美好的日子,想到晴得一碧如洗的天空、呼呼转动的风扇和甜甜的红色瓤的西瓜。

/ 02 /

我的童年并不是没有烦恼的,但现在的我回忆起来,那些时光已经被岁月浸染得如此鲜亮美好,仿佛真的是无忧无虑,自由自在一般。

小时候的我,也调皮捣蛋,活泼爱玩儿,不喜欢数学,喜欢看动画片、小说和漫画。

在学校里和同学们打闹嬉戏,一回到家里就马上打开电视看动画片。

我小时候看过非常多的动画片,有一些我直到现在都记得清清楚楚。

《哆啦A梦》《数码宝贝》《樱桃小丸子》《中华小当家》《晴天小猪》《百变小樱》《小鲤鱼历险记》《四驱兄弟》《神奇宝贝》《哪吒传奇》《西游记》《鸭子侦探》……

我喜欢看动画,那时的我极其简单,只要是看到那些我未曾经历的事,我都会感觉新鲜奇妙,充满快乐。

可是年龄再大些,我尝试着去看小时候看过的、很喜欢的动画片时,我的感受与小时候发生了变化。

我还没看完一集,就有些不耐烦地关掉了播放界面。

我不再如当初那般痴迷,也不再那么喜欢那些动画片了。

或许,人长大总是会变的吧。

/ 03 /

为什么我们总会怀念童年,怀念过去的时光?

有人说,我们总是怀念旧时光,是因为现在的我们过得不好。

只有过得不好的人,才会一直回过头。

大概某些时候,确实是这样吧。

人越长大,烦恼越多,压力越大,责任越重,不管怎么说,都不会像童年时那般无忧无虑、轻松自在了。

脱离童年后,我开始专注于学习的事,开始为数学考试担忧,开始期待周末和长假,开始面对越来越复杂的人和事,开始承受越来越大的压力,开始戴着一副面具笑着和成人世界相处。

我,确实没有以前那么简单纯粹了。

我,确实不再是小孩子了。

/ 04 /

或许每一个人都会经历成长的阵痛,一遍又一遍地质疑自己,又不得不忍着痛苦继续前进。

成长是需要付出代价的,有得必有失,我们谁不是一路前进一路失去、跌跌撞撞才成长为大人的?

　　最近我被各种琐事搞得心烦意乱,在深夜失眠后我头疼不已,差点儿崩溃了。

　　朋友心疼我,她安慰我后问我说:"现在的你,过得快乐吗?"

　　我一时间不知如何回复她,脑里浮现的全是过去的画面。

　　"我……有些不快乐。或者说,我好像没有以前那么快乐了。"

　　"谁不是呢,以前还是个孩子,快乐如此简单。而现在,世界变得那么复杂,快乐也越来越难了。"

　　"童年真好啊,"那晚的我心里是这么想的,"好想回到小时候啊。"

/ 05 /

　　可是,如果给我选择,我真的愿意回到小时候吗?

　　我怀念那些时光,但仅仅只是怀念,我并不是真正想要回到那段天真无忧的岁月。

　　我想要的不过是和童年一样多的自由,一样简单的快乐罢了。

　　想起看过很多遍的《小王子》里的一句话:"所有的大人都曾是孩子,只是很少有人会记得。"

希望越长越大的我们能够在成熟以后，依旧不忘初心，保留最初那颗天真单纯的童年，去热爱这个世界，去寻找属于自己的快乐。

希望我们也能偶尔做一做与童年有关的梦，梦里是那个炎热但安静的夏天，有老式风扇吹着，手里还有西瓜和橙汁，电视机里放着的是《哆啦A梦》，大雄、静香和胖虎他们又开始新一轮的冒险……

虽然那些与童年有关的美好夏天一去不返，但现在我们拥有的，也是热烈而值得珍惜的好时光。

不必羡慕小孩子，他们也有他们的烦恼，他们也和我们小时候一样，在憧憬未来，向往成人的世界——**每个年龄段，都有其美好之处，珍惜眼前的一切，活在当下，才不辜负时光，不愧对自己。**

如果可以和童年的自己对话，那么我想笑着和他说一声：

"谢谢你了，希望现在的我也可以和你一样，简单纯粹地对待这个世界，每一天都活得自由而快乐。"

悲伤的时候,请到图书馆

/ 01 /

诗人博尔赫斯曾说:"天堂就是图书馆的模样。"我不能赞同更多。

每当孤单、烦闷、悲伤时,我总会想到图书馆,在书的世界里遨游,人便会不知不觉忘记忧伤,消除烦恼,远离寂寞。

小时候父母忙于工作,没太多时间照顾我,我缺少朋友,只能与书为伴。我家人见我待在房间里安安静静地看书,心里很高兴,觉得我不闹不吵,不给他们添乱,便逢人都夸我听话懂事。

其实我也很无奈,我不擅长交际,也不善表达,在小伙伴面前我总会感觉不自在,还不如待在家里看书舒服。可惜的是家里藏书不算很好,除了小说、报刊,我连作文书都看了好几遍,实在找不到书看,我只好跑到图书馆看书。

年纪尚小的我走进图书馆,看着琳琅满目的书籍,就像走进了一个五光十色的藏宝洞，我迫不及待地翻阅着各类读物，犹如飞入花丛的蜜蜂，激动又欣喜地汲取知识的甜蜜。

从那时起，我就爱上了图书馆，待在图书馆的时光是那么的舒服美妙，在书的世界里，一切悲伤仿佛都被拒之门外。

/ 02 /

小学时，我一有空就往学校的图书馆里跑，在阅览室里，我看了许许多多的漫画，那些书籍装点了我的童年，也极大地丰富了我的课余生活。

因为阅读，我结识了很多奇妙美好的虚幻朋友：为爱献身的小美人鱼、大闹天宫的孙悟空、三头六臂的哪吒、劈山救母的沉香、可爱好玩儿的哆啦A梦、温暖稚气的樱桃小丸子、智慧与勇气兼备的名侦探柯南……

那时的我未经世事，认识世界的方式除了看电视，就是看书。在图书馆里看书，我总能体会到一种新奇感，我孜孜不倦地读着旅游杂志和各类游记书，虽然没法儿真正踏上旅程，但我却在心里有过千百次旅行的幻想，在书里游历了全世界。

再大一些，我便开始阅读小说，《西游记》《水浒传》看完了，我就看《红楼梦》，古代名著生僻字太多，我还得一边查字典一边看书，少时不知愁苦情伤，但我还是为贾宝玉和林黛玉的悲剧流下了泪水。

/ 03 /

中学时代，我因为性格内向，交不到太多朋友，总是独来独往。每当我孤单烦闷时，我便跑去图书馆看书。

学校的图书馆有三个教室那么大，有一次我为了排遣无聊，从第一列书架一直数到了最后一列书架，发现按正常步伐需要走两分半，我还从A到Z的编号，依次浏览各类书籍，自得其乐。

在夏日的傍晚，时不时有清风穿堂而过，温柔又清爽，站在图书馆后门旁的窗户往外看，可以看到一片绯红色的天空，那些绚烂的云彩如油画般，如梦似幻，美得无法用言语描绘。

这时图书馆人很少，我常捧着一本书依靠着窗户，一边翻看书籍，一边眺望远方，我很享受那样的感觉。远离人群的我并不孤单，那张窗户外的绚烂天空仿佛是我一个人的秘密。

有一阵我特别痴迷青春小说，尤其喜欢看悲剧，一有时间就跑到图书馆看小说。一次我在翻阅一本书时意外看到了一个手工书签，上面写着书里的名句，字迹工整隽永。

我心生好奇，无意间翻出了几本小说，发现了写着同样字迹的书签，我很想知道那个往书里夹书签的人是谁，因为我感觉那个人和我很像，同样孤单，只好与书为伴。

在那之后，我开始留心观察在图书馆里看书的读者，期待遇见那个在小说里夹书签的人，就像渴望被同类听见的频率52赫兹的孤独鲸鱼爱丽丝。

/ 04 /

我看完了那些夹着书签的小说,心里越发好奇,迫不及待想要认识那个充满神秘感的人。

Ta会是女孩还是男孩? Ta和我上同一个年级吗? Ta怎么和我的阅读品位那么相似?

为了找出答案,我在一些小说里夹上了书签,并在书签上写道:"很高兴认识你,请问你有什么好书推荐?"

在很长一段时间里,我找不到答案,也没发现Ta的踪影。遇上了考试周,我不得不静下心来复习,不再频繁往图书馆跑,直到有了空,我才重新到图书馆看书。

就在我失望之时,我意外发现一本小说里掉落出一枚书签,上面的字迹很是熟悉,写着:"你可以看看圣-埃克苏佩里的《小王子》,你一定会喜欢的——真正重要的东西,用眼睛是看不见的。"

我有些欣喜,立马从书架上找出一本《小王子》坐在角落里看了起来。

《小王子》是一本写给大人的童话,看完后我被治愈了,里面的很多句子都特别温柔戳心。

"如果你爱上了某个星球的一朵花,那么,只要在夜晚仰望星空,就会觉得漫天的繁星就像一朵朵盛开的花。"

我觉得自己有点儿像小王子,孤独的时候也想待在B612星球,一天看44次日落,只是,我没有要守护的玫瑰和被驯养的狐狸。

高中毕业前,我还是没能找到那个神秘的同学,尽管如此,我还是很感激他,他的存在让我没那么孤单忧伤。

/ 05 /

进入大学后,我还是很喜欢在没课的日子泡在图书馆看书,除了专业课本,我还喜欢看各类社科读物,每读完一本书,我都感觉受益匪浅。

在图书馆看书的人都很安静,不是埋头看书,就是认真地刷题学习,劲头十足,在这样的氛围里,我会一扫颓废和忧伤,振作精神,努力起来。

每当考砸了或是烦闷无聊时,我都会到图书馆里看书,钻进书的世界里,从而得到治愈。

那会儿我在写小说和各类散文,起初我写的文章无人问津,给杂志和出版社的投稿大都石沉大海,但我不想放弃,哪怕失望落空,我也会在心里说:再试一次,说不定再坚持一下,就能迎来转机。

我不是一个非常乐观的人,我不够自信,也害怕失败,但我还是选择了坚持。那段时光我坐在图书馆里,看着身边的人一个个都无比勤奋认真,我也不敢怠慢,别人都在努力变得更好,我也不甘落后，不断提升自己，坚持写作，一步一步向着遥不可及的梦想前进。

每回在图书馆坐得难受、感到疲惫时，我都会四处走走逛逛，翻看书架上摆放的书籍，并在心里鼓励自己：加油，你要相信自己，早晚有一天，你的书也能在图书馆里找到。

曾经，出书于我而言是一个有点儿奢侈的梦想，可是后来，我真的实现了这个梦，当我陆续收到出书邀约时，我兴奋又激动，觉得自己没被辜负，努力终于有了回报。

当我收到出版社寄来的样书时，欣喜若狂，一本书不厚，却凝聚了我大半年时间的努力，书里的每一个字都是我辛辛苦苦打出来的，一切都来之不易。

很快我就在图书馆里找到了自己的书，并看到了有人翻阅的痕迹，很是欣慰。

那本书的封面是我很喜欢的一位插画师绘制的，画中一位孤单的少年坐在月亮的旁边，抬头仰望着那片璀璨耀眼的星空。

正如王尔德所说："我们都生活在阴沟里，但仍有人仰望星空。"

现在出版市场其实并不乐观，我在和很多出版编辑闲聊时，他们都反馈书越来越难做，很多读者宁愿看电子书，也不愿看纸质书。

但在我看来，电子书无法取代纸质书，我偏爱纸质书的油墨书香，喜欢指尖翻阅书籍的质感，享受坐在图书馆里安静看书的悠然时光。

　　直到现在，我还是很喜欢到图书馆看书，一旦安静下来，所有的悲伤都会离我而去。

　　悲伤的时候请到图书馆，在书的世界，你会遇见那个温柔的小王子，会听见鲸鱼52赫兹的声音，会找到自己的同类。书能温暖你的心灵，治愈你的忧伤，让你明白——没有人是一座孤岛，你并不孤单。

祝你今天快乐

/ 01 /

过了20岁,我越来越不期待过生日了。

每当生日到来,年纪又长了一岁,我心里没有特别的欣喜,有的是轻微的焦虑与恐慌。虽然知道那只是数字,但就是忍不住在意——从17岁到18岁,有种向成人世界迈进的英勇,青春无敌,无所畏惧,绝不会考虑未来,也根本不曾想过成人世界多复杂。

那时候,只是迫不及待地想长大,成为一名大人,做自己喜欢的事情,拥有选择的权利,不再受父母干涉,可以任性一点儿,随心所欲,做自己喜欢的事情。

18岁以后,渐渐见识到世界的另一面,光明背后是灰暗,喧嚣之外是大片的死寂,越往前走越迷茫,越质疑人生:这不是我渴望的成人世界。

可是，成长是一场单程旅行，发了车就没有退路，一切都在推着你往前走，你不得不长大。

纵使后悔心伤，也只能奔向未知的前方，一边拥有一边失去，不断与人相遇和分别。

20多岁，在这样的年纪，美好又尴尬，生日于我而言是一种仪式，十二点钟声敲响，会有声音在我耳旁回荡：你又老了一岁哟！

/ 02 /

关于衰老，大多数人难免都有一点儿忧伤。30岁更像一道大坎，挡住了无数憧憬美好未来的人。

比起变老，我更怕的是自己还未实现梦想，还未成为期待中的自己，就不知不觉到了一个意想不到的年纪——明明十八岁还在昨天，记忆如此鲜活，怎么一转眼我就20+了？

想起去年生日前，我去了一趟杭州，到灵隐寺许愿。

我去年许的愿望很简单，无非是做自己喜欢的事情，让自己和所爱的人平安喜乐。

我不相信许了愿就能实现，倒是灵隐寺路旁的标记牌上的八字箴言让我印象深刻："一念放下，万般自在。"

能够悟出这点的人，想必能活得轻松自在，只是真正做到将烦恼抛却、放下执念的人寥寥无几。

/ 03 /

坦白说,过去一年里,我过得不算顺利,快乐的时光谈不上少,但烦恼和磨难也很多。

身边朋友的状态也不对,惆怅苦闷,内心如寒冬一般,覆盖刺骨的坚冰。

不少人和我抱怨,向我诉苦,说着自己的烦恼和困难,念叨着现在的日子太苦了,生活很难。

认识的朋友被确诊为抑郁症,她心情低落,内心消沉,大半年没发朋友圈,整个人就像从大海里蒸发一般,不见踪影。

直到最近,她才更新了一条动态,配了一句话:"我还在。没死。"

寥寥数字,却直击我心。

长大后,我发现快乐真的越来越难了,明明小时候它就是玻璃罐里的糖果唾手可得,而今却像远在天边的星辰,可望而不可即。

无数遍问自己,现在的你真的快乐吗?

我心里都有一秒以上的犹豫——或许,我是快乐的,生活从不缺小确幸,但那样的快乐很难一直持续。

我真的快乐吗?

快乐什么时候变得那么难了?

04

前几天翻看自己的第二本书，出版四年多了，很多文字都是五年前写的了，那时的我曾写道"我不想取悦任何人，我只想取悦自己，做我喜欢的自己"。

现在看来，过去的自己真是年少轻狂。

只取悦自己这个想法不切实际，我直到现在也没能做到不取悦别人，只顾自己而活。

这世界上没有绝对的自由，或许也没有绝对的快乐。你孜孜以求的或许正是我不屑一顾的——处境不同，心境不同，感受不同，快乐是有比较级的，盲目地追求纯粹的快乐就像是水中捞月一般。

哪里有纯粹的快乐呢？

或许只有当你变得简单，快乐才会纯粹吧。

很多人不快乐的原因，是因为长大后变得复杂了，融入了复杂的世界，就抛弃了过往的简单纯真，迫不及待想要拥有别人的一切，却忘了活在当下，珍惜眼前所拥有的东西。

30+了，我已经丢失了年少时的一部分勇气，变得更现实、更清醒了。现在的我渴望快乐，是那种真正的快乐，但我已明白，不取悦任何人是很难的，尽量多取悦自己就好了。

比起取悦别人，努力让自己开心更为重要。

新的一岁，我不再庸人自扰，不再消极度日，我要活在当下，不要悲伤，只要快乐——简单纯粹的快乐。

未来会变得更好吗？

会吧？会的。一定会。

过去的我相信，现在的我仍如此坚信。

前路或许坎坷不平、蜿蜒崎岖，但是我不怕，下定了决心，就拿着一往无前的勇气继续前行。

我还在路上，缓慢而坚定地前行着，未来的我一定会是更好、更快乐的存在，大家等着吧。

最后，将连岳的一段话送给自己：

"未来比现在更好。你要记住这句话，像信仰一样，你要当一个乐观的人。祝你今天快乐。

"要记住，今天之后，你和世界都会变得更好，要坚信这点。不要害怕辛苦和压力，它们是你用来交换成就的筹码，加油。"

往后的日子里，我会取悦自己，活得简单，努力做一个快乐的人。

第六章

Chapter 6

活得尽兴，好好去爱

夫妻之间，八成都是平淡日子，只有两成是大起大落。如果把这两成走好了，就能抵消那八成的不如意。

可以爱我少一点，
但要爱我久一点

/ 01 /

不久前，有一对明星夫妻被曝出离婚的传闻。他们平日里甜蜜自然。

女方确认了离婚的新闻，并这样写道："他好像只是非常短暂地爱了我一下。"

"就像你当初说服我结婚一样，这次也负责说服我离婚吧。"

不得不说，她写的这段话看似简单，但满含情感，直戳人心。

我不清楚他们的这段感情到底出了什么问题，也不想纠结谁对谁错，只是很感慨，觉得爱情真的是有保质期，或许两个人刚在一起时，海誓山盟，情意绵绵，觉得两人能天长地久，谁也不能拆散。

可到后来，没人拆散他们，他们的爱却在时间的流逝中一点儿一点儿地悄然改变了。

/ 02 /

不久前，我和相识的朋友聊天，惊讶地发现她已经和男友分开快半年了。当初他们甜如蜜糖的有爱互动让所有朋友为之羡慕，他们大大方方地秀着恩爱，还曾说过要邀请我们参加他们的婚礼。

此画面仿佛就在昨日，可时过境迁，他们说散就散了，由两个熟悉亲密的人变成了两个互不相干的陌生人。

我问她：“你们之间发生了什么？是谁先不爱的？”

她淡淡地回答我：“没发生什么特别的事情，就是爱慢慢淡了，不如从前了。”

朋友和我说，他们之间曾发生过多次争吵，撕破了脸皮也没得到共同的方向，彼此又拉不下面子去道歉、认错，于是开始冷战，然后不了了之。

很多事开始的时候你总觉得是理所当然的，就像爱情发生时那样，一切是那么突然却又合理，而一段感情结束也和这一样，不爱便是不爱了，理所当然得没有丝毫道理。

我问朋友：“你现在还爱着他、想着他吗？有没有考虑挽回他？”

朋友摇摇头，很直接地回答我：“我们之间已经不可能了。

我会偶尔想起他,但我清楚地知道,我没以前那么爱他了。"

我看着朋友那张淡然平静的脸,知道她并未说谎,心里不禁感慨道:

爱情真是没有道理,不管曾经爱得多么诚恳热烈,到最后结束的时候,都是这么的平淡乏味。

/ 03 /

很多人或许不太理解这样的分手,不理解为什么一段感情会这么突然地结束,但生活中爱情就是这样,说散就散。

爱情的确是有保质期的,有的看似新鲜,但就像外表红润的苹果,内心已在慢慢腐朽;有的看似颓败,比如葡萄干,虽然干裂暗淡,却能保存很久。

有些人是真的爱你,在爱你的时候,付出了时间和精力,付出了真心,付出了所有。

你沉湎在这份沉甸甸的爱当中,享受着令人艳羡的甜蜜,却忘记了爱也有保质期。

直到突然某天,你发现那个人对你的态度变得冷淡、烦躁,不再笑脸相迎,也不再和和气气,连和你说话都不情不愿。

这时你才意识到,自己手里紧握着的那枚爱的巧克力已经过期腐烂,无法食用了。

/ 04 /

曾经的爱或许是真的，但现在的不爱也是真的。

曾经有多么相爱，一想到就感到无比心酸。

可这就是所谓的爱情。

你觉得爱会天长地久，但某天你会发现，有人只不过是短暂地爱了你一下，他曾经爱你爱得死去活来，而现在他却连正眼都不想看你一眼。

《重庆森林》里有这样一句台词："不知道从什么时候开始，在什么东西上面都有个日期，秋刀鱼会过期，肉罐头会过期，连保鲜纸都会过期，我开始怀疑，在这个世界上，还有什么东西是不会过期的？"

我以前以为爱不会过期，但现在想想，爱才是最容易过期的，因为它毫无预兆，你根本不知道它会不会在下一刻突然改变。

曾经觉得两个人在一起，恋爱了就算是幸福圆满，可现实中，哪怕是两人一起踏入了婚姻殿堂，也并不能代表就能长长久久，真爱永恒。

尽管如此，我还是愿意相信爱，相信所有的真心。

想起《匆匆那年》里的一段话："所有男孩子在发誓的时候都是真的觉得自己一定不会违背承诺，而在反悔的时候也都是真的觉得自己不能做到。所以誓言这种东西无法衡量坚贞，也不能判断对错，它只能证明，在说出来的那一刻，彼此曾经真诚过。"

爱或许有保质期，有些人的爱很短，但有些人的爱很长，可以是一辈子那么长——愿我们和所爱的人，都能将真心与爱好好保存下去。

或许等到风景都看透，大家都会明白，能一直陪你看细水长流、享受平淡生活的那个人，才是真爱吧。

可以爱我少一点，但要爱我久一点，再久一点啊。

爱是双向奔赴

/ 01 /

周杰伦的2019年新歌《说好不哭》如期上线，虽然已是深夜，却仍有无数的歌迷疯狂涌入，造成了App的系统瘫痪。

不得不说，周杰伦太火了，而且一火就是十几年，虽然杰伦的很多粉丝不懂什么饭圈，却还是会默默地为偶像助威、打call，送他上顶峰。

音乐APP里有句评论瞬间戳中了我的心："青春难以留住，夏天已然散场。人生的道路也许各不相同，但只要在他需要我们的时候为他加油喝彩，就足够了，那才叫青春。"

是的，为什么长大后依旧喜欢周杰伦，为他熬夜听歌，深夜打call，心甘情愿地付出？

因为，周杰伦是我们的青春啊。

/ 02 /

《说好不哭》这首歌的MV，让人特别怀念过往的时光。

MV的故事其实挺简单的，讲的是一对偶然结缘的恋人的故事。男生偶然帮女生解了围，又在女生打工的奶茶店遇到了她，女生则提醒他遗留在店里的物品，这么一来二去，两人就相识了，彼此都有好感，暗生情愫，慢慢发展为男女朋友。

男生是一个帅气的摄影师，路过一家店时，望着喜欢的相机流露出渴望的神情，却苦于囊中羞涩，女生察觉了这点，还在他的家里看到了他想去的摄影学院的介绍。

女生是真的喜欢男生，所以拼命地打工，做各种兼职，攒钱为男生买了那台他很喜欢的、价格不菲的相机，甚至偷偷地替他申请学院，并在第一时间将录取学院通知书送给男生……

女生为男生付出了很多，但却挥手告别了男生，留自己一个人感伤——因为爱，所以希望对方过得好，希望对方的愿望可以实现，哪怕自己再痛苦，也希望对方快乐。

/ 03 /

官方版的介绍说，《说好不哭》是一首关于成长与约定的情歌，歌词以男生的视角展开，简短的歌词将男女之间因太替对方着想而牺牲的细腻情感表达得丝丝入扣。

"女生总是护着男生,比起自己的悲伤,更在意别人是怎样看待男生的。为了成全男生的梦想,女生微笑放手,让男生离开,失去联络后,男生仍不时听到女生的消息,当初分手,说好不哭,但过了很久,女生还留在原地,等待着他……"

"有一种爱情是宁愿牺牲也不愿给对方造成负担。有一种爱情是明明心疼却什么事都无法为对方做。"

这样的感情故事,是不是很凄美,很感人,很容易让人落泪?

"拼命解释着不是我的错是你要走/眼看着你难过挽留的话却没有说/你会微笑放手说好不哭让我走……"

放在过去,我可能真的会看哭,可是现在的我,有点儿心疼那个一直默默付出的女生。

爱或许没有什么对与错,因为喜欢,所以愿意为你做任何事情,付出再多也没关系,哪怕赴汤蹈火,也在所不惜——可是,我那么喜欢你,为你做了那么多,能不能换来一点儿回应,或者一些回报呢?

爱是无私的,但也是自私的,我无私地对你好,是因为我自私地想让你高兴——你高兴我就开心,你好了我自然也好了。

/ 04 /

认识的一个朋友,她的经历和MV里的女生有点儿像。她在大学时喜欢一个男生,为男生付出了很多时间、精力和金钱,男生被她打动了,于是顺理成章地和她成了恋人。

大学毕业后，男生出国留学，朋友到北京读研，两人约定硕士毕业后就结婚，可没想到他们最终没有熬过异地恋，在朋友研二那年，男生就在电话里和她分手了，语气决绝，丝毫没有商量的余地。

朋友央求他，甚至打算飞过去和他当面说清楚，没想到男生还是拒绝她，说："你能不能放我走？别再这样下去了，只是浪费时间而已，我们是不会有结果的。"

过了很久，朋友才从一位校友那里打听到，原来那个男生在留学时交了个新的女朋友，那女孩长得漂亮，家境也好。

朋友气不过，伤心地联系前男友，想让他说清楚，结果得到一句冷漠的回应："这事都过去了，有必要纠结吗？好好好，就算是我当初对不起你，可是现在你不也没事吗？

"如果你真的爱过我，就成全我，祝福我吧……"

朋友气得将他的联系方式全都删除，发誓从此以后再也不要见到那个人。

因为真正地爱过，所以伤得很深，让人遍体鳞伤。

我最后和朋友说了一句话："没有一个人、一件事，值得你遍体鳞伤。你要好好爱自己。"

/ 05 /

回到这首歌的MV故事，显然和我朋友的经历不同，但我想说的是，她们都同样的卑微和心酸，让人忍不住心疼。

为什么两个人明明相爱,却要一方无私地牺牲,还要笑着离开呢?

男生既然爱着女生,为什么不可以把梦想和女生放在同样重要的位置,而要两者舍一?

"你什么都没有却还为我的梦加油/心疼过了多久还在找理由等我……"

放在过去,我一定认为这样的剧情很感人,但现在的我,不喜欢——比起牺牲和成全,我更愿意两个人携手同行,为了梦想一起努力,朝前行走。

毕竟,不是所有故事都有圆满的结局,有些人,一旦离开,就再也不会回来。

有些人,一旦错过,就再也不属于你。

生活没那么多曲折美好的故事,爱是相互的,单方的牺牲或成全,都会给彼此留下深刻的遗憾。

我可以爱一个人,爱得一无所有,但我会先爱自己。

我可以不顾一切奔向那个喜欢的人,但我也会小心翼翼地保护自己,不受他人的伤害。

我心甘情愿地为你付出,但我也渴望得到你的回应。

毕竟,我翻山越岭不是为了看风景,而是为了追寻你,我为你付出这么多年,真的不想换来一句"谢谢你的成全"。

母亲的信:"你要过得幸福,别活成我这样"

/ 01 /

现在的年轻人大都被父母催过婚,父母一催起来,就各种抱怨、唠叨,整天念叨着你有没有谈恋爱、处对象,还托关系找合适的人安排子女相亲,闹心又折腾,还特别不自在。

家长们总是说:"爸妈是为你好啊!"

"你年纪也不小了,赶紧找个人嫁了吧,这样终身才有依靠。"

"妈妈不希望你以后过得那么辛苦,所以希望你能嫁给好人家,过好生活。"

"爸妈希望早日看你结婚成家,等我们老了,也有人疼你、陪你、照顾你。"

"你再继续拖下去就属于剩男剩女了,我们可不希望你以后孤独终老啊。"

其实，父母的心思我们都懂，只是不喜欢他们的表达方式，也不满意他们为自己安排的相亲，他们的确是希望我们往后余生幸福，可有时用错了方法，既让我们为难，他们心里也不好受。

人呢，总是越长大越明白父母的不容易，他们也有自己的难处与苦衷，只是他们的想法受时代的局限，有时很难理解年轻人的真实想法。

如果置换角色，或许我们也会像他们那样，会为孩子担忧，既担心Ta找不到合适的人结不了婚，又害怕Ta的结婚对象并非良人，婚后生活不幸福美满。

/ 02 /

看过一部剧《今生是第一次》，这部剧讲述了三个30岁女人迈向人生新阶段、在痛苦迷茫中不断挣扎、努力与成长的故事。

印象最深也最感动我的，是女主角尹志昊要结婚的那一集。在剧里，尹志昊步入30岁，生活一塌糊涂，事业不顺，感情失败，还一度无家可归，好在男主角世熙出现了，主动提出要和她结婚，并且是契约婚姻。

尹志昊想都没想就答应了，在那时的她心里，生活并没有什么值得期待的，哪怕是假结婚，也只是为了生活，为了有一个房间睡觉而已。

尹志昊将自己要和世熙结婚的事情告诉了家人，她爸爸很高兴，觉得30岁的女儿终于要嫁出去了，这是件值得庆祝的好事，但她妈妈却有些担忧。

在两家人见面商量婚礼事宜时，志昊爸爸一直很积极，笑着讨好亲家，世熙的妈妈一个劲儿地夸赞志昊"懂事、聪明，和别人家的女孩不一样"，因为他们不要求办什么大型的婚礼，只是想着和家人们简单吃吃饭，走个流程就好。

世熙妈妈还笑着说，两人都上班照顾不好孩子，志昊结婚之后就不要去上班了，就像她妈妈一样当家庭主妇多好。

这时，平日里一向沉默寡言的志昊母亲突然发话了，言语间有着些许不满："我们家志昊并没有那么懂事体贴，她不像我，她和现在的女孩一样，有时也懒惰，也会想要别人都有的东西。"

/ 03 /

志昊听到这话表示万般不理解，而志昊母亲依旧强势，要求男方办一场婚礼，别家姑娘结婚该有的一切，她也要有。

志昊为此感到为难，她不理解母亲为什么要这么要求，觉得她是在故意为难世熙，而母亲也不奢望她的理解，只是告诉她，不要活得像她那样——不要成为一个失去梦想、任劳任怨、被丈夫指手画脚、没有地位、庸碌可怜的家庭主妇。

在婚礼上，志昊无意中看到了母亲写给世熙的信，顿时泣不成声，泪流满面。

母亲在信里这么说道:"千万别让她放弃写作,她要继续成为一个作家。如果你们家务事太多的话,我来替你们做,也要让她实现梦想。"

"不要放弃她的梦想,不要像我一样生活。"

那一刻,志昊终于明白了母亲的心思。

母亲之所以提出办婚礼的要求,说女儿和其他女生一样,是想告诉男方父母,她女儿也是宝贝,不能让外人欺负,她不是什么贤妻良母,也不能受太多委屈。如果一再地降低要求,甚至妥协,那么日后到了婆家,她的女儿就会被公婆指使,要努力成为他们期待的家庭主妇和贤妻良母。

母亲最不愿意看到的,就是女儿放弃自己的梦想,结婚后过得不幸福,受到了委屈,被公公婆婆欺负,活得没有自我,成为像她一样任劳任怨、默默忍受的妇女。

/ 04 /

剧里志昊妈妈还有一句话很戳中我:"并不是结了婚就要把幸福交给对方,谁又能让谁怎么幸福呢?在这个时代,让自己幸福就已经够难了,互相不给对方添麻烦,这就很好了。"

是的,所谓夫妻,并不是把幸福交到了对方手里不去努力就能幸福,在这个时代,幸福不是件容易的事情,不去拖累彼此,这就是最好的了。

这一段剧情让不少人落下眼泪,有人说:"看哭了,我很能体会母亲说的话的心情，我也是一样希望女儿将来千万不要活成我这样，她得过有自己的人生，不管离开谁都可以好好地生活。"

还有人说："希望我的女儿不要走我走过的路，吃我吃过的苦。如果她不想结婚，我也不会催促，毕竟幸福的婚姻真的是可遇不可求。因为我走过，也知道其中的艰辛，所以希望她能选择一条让自己开心幸福的道路。"

朋友和我说，她看那个片段，哭惨了，她想起她结婚的时候，母亲对她丈夫说的话："你以后不许欺负她，也不许让她受半点儿委屈，她永远是我家的宝贝，你要是伤害了她，哪怕一丁点儿，我们一家都不会放过你！"

那时朋友还嫌弃母亲，觉得她太过分了，这是在为难自己的丈夫，可现在她终于懂了，母亲只是太爱她，舍不得她吃苦受累，更害怕她结婚后被欺负，过得不好。

那些嘴硬心软的父母们，其实都在笨拙地爱着我们，他们有时候不愿我们活得像他们那样又苦又累，希望我们过得轻松舒服，开心一点儿，幸福一点儿。

他们是矛盾的，盼着我们结婚，未来有人陪伴，却又担心我们过得不好，他们是我们的依靠，也是我们的温暖与爱的源泉。

子女过得开心、幸福，实现了梦想，过上想要的生活，这才是父母真正愿意看到的。

愿你我能理解和体谅父母的良苦用心，也希望我们能做出合适的选择，找到那个对的人，收获家人们的祝福，过上真正幸福的生活。

我再也不是一个人了

/ 01 /

你有在青春期里遇到过一个暗淡无光、不够起眼、有些内向的女生吗?

你有善待过她,并给予她帮助与友善吗?

电视剧《想见你》里的陈韵如正是青春期里常见的内向又暗淡无光的女生,她算是故事里的背景板,充满悲剧色彩,她喜欢男主角李子维,而李子维却从未喜欢她。

很多人反感陈韵如,觉得她性格既沉闷又孤僻,内向阴冷,难怪没有朋友,也得不到身边人的重视。

但我能理解她的委屈和痛苦,陈韵如没有一个幸福的家庭,父母闹离婚,弟弟任性不听话,她独自承担了很多的苦,所有的委屈都默默消化。

陈韵如的母亲是陪酒女，她瞧不起这样的母亲，也不愿和她敞开心扉沟通，父母闹离婚时，她极其敏感，因为父母更偏爱弟弟，都想争夺弟弟的抚养权，却不曾考虑她的感受。

她孤僻、敏感、脆弱，活在自己的世界里，所以在弟弟离家出走那晚，她第一反应就是母亲带着弟弟逃走了，她彷徨地走在路上着急地寻找他们，无助又心酸，就像被整个世界抛弃一般。

/ 02 /

陈韵如有着太多无法向人倾诉的心事和烦恼，在最美好的青春年华里，她却活得惨淡无光，成了被人忽视的存在。

直到李子维带着莫俊杰走入她舅舅开的唱片行，在伍佰那首《last dance》的旋律下，耀眼恣意的李子维像一道光似的照亮了她的生活。

她喜欢上了那个笑起来阳光的李子维——长期活在黑暗里的人，没有谁不心向光明。

她有了17岁少女的朦朦胧胧的秘密与心事，她在阴影里待得太久，极其渴望灿烂的阳光。

所以，那个曾经无比讨厌世界的陈韵如开始有了转变，她故意撒谎，说伍佰的磁带还没有到货，为的是能和李子维多见几面。

她甚至克服了以往的羞涩，勇敢地向李子维说出了自己的心声——"我喜欢你。"

"希望有一天我能成为你喜欢的那种女生。"

或许不是所有人都能理解陈韵如,有人觉得她很糟糕,太压抑,太奇怪,但我很心疼她——她的母亲和弟弟其实是爱她的,只是爱的方式不对,最惨的是她直到死去的那天也没能亲耳听到李子维那句温柔的"我喜欢你"。

/ 03 /

陈韵如是可怜的,但生活中还有很多像她一样孤僻内向、敏感的女生,连遇到李子维和莫俊杰的运气都没有。

在高中时,我们班上有位女生和陈韵如的性格很像,同样不爱说话,总是独来独往,因为她皮肤黑,壮而胖,有人给她取绰号"月半姐",并在背后说她的坏话。

月半姐在班里的人缘不太好,不管男生女生,都不喜欢理她。而她不善交际,也不爱巴结别人,于是总是孤零零一人——她甚至没有同桌,班里的女生是单数,谁都不愿和她坐在一起,于是她理所当然成了班上唯一没有同桌的人。

有一次换座位,我碰巧坐到了她后面,当时我心里有些发怵,觉得她脾气古怪,一副很难相处的样子。

真正和她熟悉起来是一次周考,我的水性笔没墨了,身边的人都没有多余的笔,我只好求助她。

我以为我会被她无视，结果她微笑着，把她的笔袋递给我，憨憨地说："我的笔全在这儿，铅笔、圆珠笔、水性笔，你随便挑。"

我挑了一支黑色水性笔，向她说了句："谢谢。"

那时我才发现，她并没有我想象中那么糟糕，她是一个热情、善良又大方的女生——只是别人并不想了解她。

/ 04 /

"月半姐"的成绩一般，不算稳定，但她非常努力。

她不爱和别人说话，总是一个人默默坐在座位上，戴着耳机看书做题，最让我佩服的是，她啃得下物理和数学的难题，有时候会花一节自习课的时间去研究一道物理大题，不搞明白誓不罢休。

她总是很早就到教室学习，很晚才从教室离开，其他同学都有点反感她，觉得她这么努力都是因为脑子笨，他们给她起难听的绰号，不愿意和她交朋友。

班上女生如果主动找她，和她说话，总没好事——不是拜托她到食堂打饭，就是让她替自己打扫清洁区，"月半姐"却毫不介意，有求必应。

每周的体育课，如果老师没有特殊要求，她都会在集合后跑回教室继续刷题，因为没人会和她一起运动，无论是乒乓球还是羽毛球，她都找不到玩伴。

有关她的一件事我记得很清楚，那是高一的体测，女生要跑800米，"月半姐"耐力不行，没跑完一圈就已经气喘吁吁，被所有的女生都甩在了身后。

等班上女生都跑到了终点，就只剩她一个人迈着艰难的步伐，流着汗、喘着气一步一步地跑向终点，当时很多男生都笑话她，觉得她狼狈不堪的样子特别丑。

没有人鼓励她，她凭借意志力硬撑着跑完了全程，却得到体育老师冷冷的嘲讽："你怎么跑那么慢，这次不及格，下回还得补考！"

/ 05 /

"月半姐"高二分班后去了另一个理科班，在那之后我就没怎么联系她了。

倒是有些小事我记得很清楚：她上自习课时总是习惯戴着耳机，一边听周杰伦的歌一边刷物理题；她其实也不喜欢别人在背后议论她，但她还是假装一副毫不知情的样子，助人为乐，对谁都很友善；她在那次失败的体测后，会在晚自习下课后，一个人去操场跑步，那会儿天黑，没人看得见她。

让我感到意外的是她还追星，有天晚自习我闲得无聊问她有没有课外书，她便从抽屉里拿出一本韩流杂志，并和我说她很喜欢某韩国男子流行演唱组合，为此她自学韩语，希望有一天能去韩国首尔看他们的演唱会，并为他们呐喊、助威。

我问她为什么喜欢他们，她笑着说："因为他们都很优秀，站在舞台上闪闪发光的样子很迷人。"

她谈着他们时，和以往灰暗安静的模样不同，她眼里流露着光芒，仿佛在说着一件必然发生的美好的事情。

高中毕业很久后，同学群里有人在聊天，不知是谁传出了一张"月半姐"的照片，众人都没有太深的印象了。

那是她大学的照片，整个人瘦了一圈，换了新的发型，穿衣打扮更有品位了，很多人都不敢相信那就是曾经臃肿不堪、独来独往的月半姐。

据说她高考那年超常发挥，顺利上了一所医科大学，立志成为一名外科医生。

我翻看她的QQ空间，发现她最新一条动态里，出现了一个笑得很阳光的男生，她配文道："终于遇到了那个能够温暖我的他，以后我再也不是一个人了。"

不知为何，看到她的那句"再也不是一个人了"时，我突然想起高中时她独来独往、总是低着头、默默坐在角落里看书的画面，真心替她感到高兴。

她好像没有添加很多好友，那条动态阅读量只有几十，我点了赞，评论道："真好，祝福。"

庆幸那个在青春期里孤独缄默的女孩，在度过那段灰暗苦涩的日子后，终于迎来了暖心的光明。

她就好像苦楚、自卑、阴郁的陈韵如一样，在经历了那么多事情后，拥有了全新的人生。

青春或许总有感伤，总有不合时宜的沮丧和自卑，但你要相信，一切都会好起来的，大雨过后，会是一片晴空。

被人善待过，知道温柔的可贵，所以也能更好地善待别人，予人友善与关爱。

希望那些青春里没有被人善待、沉默孤僻的姑娘，都能迎来那么一个温暖开朗的人，如耀眼的阳光照亮暗淡的生活，让你从此不再孤单。

如果没有那个人，就心怀希望，努力微笑，穿过那个漫长的黑暗隧道，等待你的必定是耀眼的阳光。别怕触碰温暖，勇敢地追光吧，努力成为能够照亮别人与自己的光。

活得尽兴，好好去爱

/ 01 /

你喜欢轰轰烈烈的爱情，还是平淡似水的生活？

你能安然接受所爱之人的逝去吗？

冯小刚导演的电影《只有芸知道》讲的正是一段平淡岁月里相濡以沫的爱情。电影根据冯小刚导演挚友的真实故事改编，讲述了隋东风和罗芸两人从相识、相知、相爱到最后分离的故事。

电影取景在新西兰，异国风光美不胜收，满目翠绿的田野、一碧如洗的晴空和辽阔的大海，让人感到舒缓，整部电影的基调是缓慢而忧伤的，很多人会觉得影片有些平淡，但在我看来，那种平淡如水的爱情和婚姻更为真实。

和那些轰轰烈烈的爱情相比，平淡温暖的爱如细水长流，看着无味，实则后劲很大。

/ 02 /

电影一开场，就交代了女主角罗芸的去世，电影视角由男主角隋东风展开，在他的描述中，两人长达数十年的爱情故事在记忆里缓缓展开。

隋东风和罗芸都是来新西兰留学的年轻人，他们的相识充满巧合——隋东风租了林太的一间房子，太太不收房租，只需要他每周帮忙剪草坪，他乐意之至，而一起合租的女孩正是罗芸。

他们一个上白班，一个上夜班，所以两人住在一起也见不着面，很久都没有碰面，直到有一天放假，阳光晴好，隋东风才亲眼看到了罗芸，那天她穿着一条好看的花裙子，微风吹拂，干净、漂亮又清新。

隋东风对罗芸颇有好感，而罗芸也对他有印象，觉得自己之前在哪里见过他，两人聊过天后才发现他们俩在北京的时候就见过了。

那时他们常常搭乘同一辆公交车，可惜两人没有说过话，也完全不知道对方的名字。

从北京再到新西兰，隋东风感慨他们俩真有缘分。

自此之后，隋东风和罗芸的关系越来越亲近，隋东风教罗芸弹琴，罗芸听他吹笛子，两人还相约坐船去看鲸鱼，只可惜途中出了意外，没能看成。

/ 03 /

渐渐地，隋东风发现自己爱上了罗芸，罗芸亦然。

两人顺理成章地在一起，然后在房东林太的见证下，在新西兰结了婚。

结婚之后，隋东风对未来满是焦虑，因为他深知自己靠打工赚不了多少钱，以后可能支撑不起一个家庭，就在此时，林太告诉他一个消息，她认识的熟人在新西兰一个偏僻的地方有一家中餐馆，他近期要回家，转让费用只需两万。

林太建议隋东风可以考虑去那里发展，等赚够了钱再回来，隋东风和罗芸商量后，同意一起去小镇定居。

就这样，隋东风和罗芸在小镇定居了，并经营起一家中餐馆，还招了一个聪明开朗的外国女孩。

他们的生活一度平淡似水，每天经营餐馆，忙碌不堪，乏善可陈。

/ 04 /

隋东风和罗芸在小镇里待了15年，每天都过着一成不变的生活，在那期间，他们经历了一些事情：罗芸怀孕又流产了；他们收养了一条流浪狗；餐馆来了一个醉酒男人差点儿朝他们开枪，餐馆发生了火灾……

罗芸起初是喜欢小镇的安静的,可到后来,她也渐渐厌倦了那样平淡无奇的生活,觉得日子过得没劲无趣。

她渴望像店里的服务员一样,自由自在,无拘无束,可以看鲸鱼、支教、看极光,去做自己想做的事情,而不是一直被禁锢在某个地方。

罗芸一直很喜欢鲸鱼,但她一生都没有机会亲眼看看鲸鱼,她渴望疯狂的生活,渴望自由的旅行,但这些都没能实现。

隋东风总是说,趁还年轻,他们得多努力一点儿,多干活,多赚一点儿钱,可他没有察觉罗芸的真实想法,直到罗芸突发疾病,他才明白,原来罗芸一直活得很痛苦。

电影到了后半段才揭露罗芸缺乏安全感的真相:她是早产儿,心脏不太好,医生在她小时候就断言她活不过二十岁,她喜欢大海与鲸鱼,也是缺乏安全感的表现。

/ 05 /

电影的结局是感伤的,但不刻意煽情。

罗芸留给了隋东风希望,想让他好好活着——隋东风做到了,他替罗芸走了很多地方,还亲眼看了鲸鱼,了却了很多心事。

只是,遗憾总是有的。

或许这就是人生。谁的人生里没有遗憾?

爱情无法圆满,曾经拥有就已弥足珍贵。生活中哪有那么多来日方长，有的只是回不去和来不及。

隋东风和罗芸是相爱的，虽然没法长相厮守，但那段感情刻骨铭心。

在电影最后，隋东风重新吹起了笛子，还重新养了一条狗，在新西兰开始了新的生活，他没有忘记罗芸，而是带着罗芸的期盼和祝福，往前行走。

"有你的地方，才是家。有你的日子，才是我想过的日子。"

电影平淡质朴，它在讲述一段相濡以沫的爱情，在讲述一段充满遗憾的往事，也在记录一段坎坷不平的人生。

生活总是这样，有苦有乐，不完美又多意外，所以我们才要活在当下，好好珍惜自己拥有的一切，好好珍惜眼前人，好好地去玩儿，做喜欢的事，去想去的地方，爱想爱的人。

要活得开心，活得尽兴，好好去爱，少留一些遗憾。

未必只有轰轰烈烈的爱情才刻骨铭心，那些平淡如水的感情，细水长流，也值得回味。

就像电影开头，隋东风念的木心的那句诗："那时车，马，邮件都慢，一生只够爱一个人。"

一生只爱一个人，白头偕老，相濡以沫，质朴纯真，才是真的浪漫啊。

婚姻生活，且行且珍惜

/ 01 /

前段时间很多地方因疫情防控，员工们没法儿去公司上班，也很难回工作地，所以不少人都只能无奈地待在家里，线上办公。

以前很多人都羡慕自由职业者成天宅在家里的生活，觉得他们时间自由，过得舒服愉悦，可很多人经历了这次事件后，突然发觉还是老老实实上班更适合自己。

成天待在家里，无聊、烦闷，憋得发慌。

看了各地新闻，发现一个很奇怪的事情，那就是有些地方的离婚人数突然增多了，不少人都猜测与这段时间的被迫待在家里相处时间过长有关。

很多网友都在网上吐槽，说这段时期和丈夫、妻子朝夕相处的日常非但不甜蜜，还闹出了很多矛盾。

/ 02 /

"一直宅在家里,发现他好吃懒做,连家务都不干,就只知道趴在沙发打游戏,真是气死我了!"

结了婚的朋友子秀和我吐槽,她和丈夫待在家里一个多月了,两人朝夕相处,从最初的恩爱谦让,渐渐演变成了吵架、生闷气。

子秀最反感丈夫的一点是他不做家务,不懂得体贴她的不易。平时丈夫工作累,总是忙到很晚才回家,所以她总是包揽各种家务活,让疲惫不堪的丈夫早点休息。

可日子久了,丈夫好像习以为常,觉得家务活就应该是她干的,宅在家里的这段时间他吃吃喝喝,玩得既舒服又开心,家务活一点儿都不干,每次吃完饭就立马放下碗筷,回到卧室打游戏。

子秀说了不知多少次,希望丈夫能帮帮忙,洗碗、择菜、洗衣、做饭,她一个人忙不过来,她也需要休息,而不是他一个人的免费保姆。

可丈夫并不理解她,嘴上嘟哝着:"你不就是做做家务吗?有什么好抱怨的,我平时工作那么累,这段时间不得好好放松放松,休息一下啊?"

他说得甚是理直气壮:"你要体谅体谅我,我工作赚钱养家不易啊!"

/ 03 /

子秀和他沟通不了，气得想离家出走。

丈夫丝毫没意识到自己做错了，照样过着衣来伸手饭来张口的舒适生活，子秀忍住了没发火，对他的态度却冷淡了不少。

子秀和我说，她差点儿冲动到要和丈夫离婚。

"我越来越觉得，谈恋爱和结婚真的是两码事儿，谈恋爱的时候，他总是哄着我，宠着我，把我当公主那样对待。可结婚以后，他慢慢变了，变得冷淡、懒散，不再惯着我，反而让我伺候他，我好像活成了他的老妈子，真是想想就气愤！"

子秀说好在他们虽然吵吵闹闹，偶尔还会发火或冷战，但他们的爱还是有的，没到非要离婚那一步，不过她也明白了一个道理，无论情侣还是夫妻，该有的距离还是要有的，一个多月朝夕相处，形影不离，真的很累人。

我在朋友圈里看到一对夫妻离了婚，可以说宅在家里的日子就像导火索，让他们的矛盾迅速升级恶化。

邻居们知道他们离婚，非但没有劝他们，还觉得离婚对他们而言都是好事。

因为他们在家的这些日子，一直都在吵架，从白天吵到黑夜，闹得最凶的时候，丈夫摔碗砸锅，不依不饶，妻子扯着嗓子骂天骂地，影响到了邻居们的正常生活，不知道的人还以为他们那屋里住了两个有着不共戴天之仇的人。

一对夫妻从爱人变成了仇人,那么硬要勉强继续在一起,也是没什么意思了。

/ 04 /

恋爱容易,婚姻不易,这句话说得真对。

每一对夫妻都是因为爱情而步入婚姻殿堂的,但结了婚并不代表你就一定能得到幸福。

有时候,幸福是短暂的,两个人的爱如果在相处中慢慢耗尽了,且都不懂得互相体谅与包容,那么最后可能只有分道扬镳了。

看到不少网友这些日子都在频繁地抱怨自己的伴侣,觉得他们不体贴,也不温柔,以前看着浑身发光,可相处久了,才发现他们满是缺点。

这时候怎么办?接受,忍耐,学会包容,互相体谅,实在受不了,那也只能做最坏的打算了。

要做出离婚这个决定其实很难,如果真的下定决心了要离开对方,那么说明这段感情关系真的无法维系下去了,不管谁对谁错,总之那份爱已经不再像当初那样炽热纯粹了。

爱情是奢侈品,它珍贵,难得,并且脆弱。

婚姻是两个人的事情,需要双方努力维系,共同经营,少了其中一方的努力都不行。

谈恋爱容易，经营婚姻很难，你或许会爱上恋爱时的浪漫与心动，却不一定能接受婚后生活的鸡零狗碎和一地鸡毛。

就像《三十而已》中顾佳说的那样：夫妻之间，八成都是平淡日子，只有两成是大起大落。如果把这两成走好了，就能抵消那八成的不如意。要是走不好，感情就真的很难挽回了。

有些人适合谈恋爱，不适合结婚，有些人以为自己什么都懂，可真正生活到一起才发现，自己只懂皮毛。

越长大越明白，喜欢是乍见之欢，爱是久处不厌，且行且珍惜。

如果你能和一个人朝夕相处很久，都不会感到疲倦和心累，那么这个人或许就能陪你度过余生。

别总期望太高，人生就是如此

/ 01 /

出了电影院，朋友和我抱怨："这部电影之前在网上大肆宣传，评分不错，口碑很好，可我真正看完了，却觉得有些一般，根本没有网友说得那么好看，难道是我品位有问题吗？"

我笑了笑，问她："你是不是对这部电影抱有太高的期待了？"

朋友点了点头说："对，我看这部电影的豆瓣评分那么高，心想怎么着也会是一部能成为经典的电影吧，可等我真正去看时，发现我所期待的内容影片里都没有，电影拍得还行，也值得一看，但我总免不了失落。"

我回她："你拉高了期待，就难免会失望，你在心里预设的，可能永远比看到的要好。"

说实话，我也常有这样的体验。

网上很多人会推荐一些影视作品，他们毫不掩盖自己的喜欢，充当着"水军"的角色，对作品高度赞美："哇，这部剧/电影实在太好看了！""简直就是年底最佳！""大家一定要去看！"

看到这些真情实感的"安利"，我每回都充满好奇地追去看，心里充满着期待，在未看前不断设想着内容，在观影过程中，我也一直在找其优点，而多数情况下，我都会有些失望。

/ 02 /

有一次，我被推荐看了一部评分高达9分的电视剧，结果硬是看不下去，只看到第2集我就不想追下去了。

那部电视剧其实没那么差，但我抱着看高分剧的心态去追，期待值拉得很高，结果发现电视剧的质感不怎么样，细节有些让人出戏，情感也没戳中我，我就感到很失落，像是被人欺骗了一样。

而我之前追剧一般不会看网友的推荐和评价，只是偶然翻开一部剧，竟一股脑儿追完了已更新的集数，感到莫名的痛快，后来我才查看了那部剧的评分，虽然只有7分，但我看得很开心。

现在想来，或许正因为我没有任何期待，所以才不会失望，并感到那部剧意外地好看吧。

网上的评分和推荐其实并不客观，每个人的审美不同，对一件事物的看法难免不一致，萝卜青菜各有所爱，这是见仁见智的事情。

我越来越明白，有所期待其实不见得就是好事，有时候，你期待越高，失望越大，**你不抱期待时，反而会得到不期而遇的惊喜。**

/ 03 /

生活中还有很多这样的事情，譬如你期待了好久的一道美食，在没吃之前，你总期待着去吃，总觉得吃一口就能化解疲惫生活中的一切烦恼。

可真有那么一天，你终于有空去店里品尝那道美食了，为此你排了好长时间的队，等真正吃到时，你会感觉这食物好像也没有想象中那么好吃啊。

你计划了好久的旅行，可以说是朝思暮想，仿佛只要踏上旅程，整个人就会抛掉一切杂念，感到无比畅快。可等到你真的到了那座心心念念的城市，抵达了景点时，你看着拥挤的人潮，越来越商业化的景区，心里越发不是滋味，感觉所看到的一切并不如想象那么美好。

期待越多，失望往往越大。

你惦记很久的美食，或许比不上某天在路边偶然发现的小摊糕点；你心心念念的旅行，或许给你带来的不是美梦成真的喜悦，而是滤镜撕碎的无感。

有时候真的应了那句话，得不到的才是最好的，抵达不了的远方才最令人心驰神往。

作家苏芩说：长大后才发现，但凡寄予厚望的事情，多半只有失望。只有你不在乎的事情上，才会有惊喜。

世界上最美妙的，是镜中花水中月，是可望而不可即，是你期待中的事物，是你梦寐以求的一切——只可惜，不是所有事物都能满足你的期待。

/ 04 /

好几年前，我还是一个默默无闻的作者，勤奋写稿，努力发表文章，和很多写作爱好者一样，我也有一个出版梦，渴望有朝一日能够出版一本属于自己的书。

我渴望自己能被更多人发现，梦想有朝一日自己的书能摆在书店最显眼的角落里，也期待自己的作品能够被许许多多的读者喜欢并记住。

后来，我很幸运地写了不少反馈不错的爆款文章，开始有了支持我的粉丝，并被好几家出版社的编辑发现，一时间收到了不少出书邀约。

我顺利地签下了人生中的第一本散文集，当拿到纸质合同时，我兴高采烈地告诉我的朋友这个消息，迫不及待地和他们分享我的喜悦，还发了朋友圈感慨自己过去那个遥不可及的出书梦真的实现了。

我一直都很期待着新书上市的那天，可是天不遂人愿，我的第一本书因为种种原因，制作周期拉长，迟迟没法儿上市。

那本书好不容易出版上市了，我激动得不行，拿到样书后，我卖力地微博和公众号宣传新书，有不少读者恭喜我，并买书支持我，我是开心的，但同时又有些失落，可能是等得太久了，我失去了当初那股欣喜。

出版一本书的心愿达成后，我没有收获想象中的一切，我还是那个我，生活并没有因为出书而发生什么翻天覆地的变化。

现在想想，其实我应该知足了，我会失落不过是因为我期待太多了。

有时候，过高的期待，会让我们没那么容易感到满足和快乐，期待值越高，失望的可能性也就越大。

生活是需要有盼头的，有所期待，才能有前进的动力，只是我们不该拉高期待，沉浸在美好的想象里，毕竟，生活始终是现实的，哪能事事尽如人意？

学会面对不如想象中美好的现实，是每一个成年人的必修课。

在美剧《破产姐妹》里，Max 说过这样一段戳心的台词："你总是动不动就崩溃，是因为天不从人愿，事不从你心。别总期望太高，人生就是如此。"

生活就是如此，现实就是如此。

偶尔做点儿美梦没关系，但梦醒后一定要保持清醒，面对现实，继续往前走下去啊。

没有过高的期待，就没有那么深的失落，放宽心吧，淡定一些，从容一点儿，无论生活给予你什么，你都要学会面对。

在日复一日的平淡里，享受柴米油盐的乐趣

/ 01 /

你知道爱情的真相是什么吗？

看完电影《被光抓走的人》后，我感触颇深。

这部电影的创作灵感来源于导演董润年的一个脑洞："如果有一道神秘的光把一部分人抓走，社会的平静与法则被打破，我们该怎么办？"

它不是科幻片，只是用奇特脑洞展开的、探讨爱情与婚姻的剧情片。它有瑕疵，前半段节奏有些拖沓，叙述冗杂，画面有种纪录片的感觉，但它同时也展示了很生活化的场景，还原了日常生活的那种琐碎和繁复感。

电影剧情并不复杂，主要讲述了4个人物在遭遇光照事件后的故事，穿插描述，探讨了真爱与婚姻这个宏大的话题，看似荒诞戏谑，实则引人深思。

/ 02 /

这部电影的设定是,世界发生了一次罕见的"光照"事件,在那次光照过后,很多人突然消失了,而且都是成对消失的,有人推理出那些消失的人都是真爱,反之得出"留下的人要么是单身,要么就不是真爱"这样的结论。

片中中年语文老师武文学在探寻光照消失真相的过程中,逐渐接受了大众的看法,认同"消失的人都是真爱"这一观点,他为此苦恼不已,因为他和妻子张燕都没有消失。

不仅身边的同事、领导对此有所看法,就连武文学的母亲都质问他,他和妻子之间到底是谁不爱谁的,哪里出了问题。

武文学是一个好面子的人,不堪接受别人对他的指点和议论,也不想成为别人眼中的"不幸者",于是他托人帮他"P图",打印假的火车票,在同学聚会上还故意提起这事,打算在众人面前澄清。

谁知同学们都心知肚明,知道他要面子,妻子也觉得他不可理喻,生气地走了。

武文学和妻子的矛盾越来越大,他想不通到底哪里出了问题:他和妻子结婚多年,女儿都上高中了,在外人看来算是家庭和睦,生活美满了,可为什么他和妻子之间越来越平淡,再也没有过往的激情?

武文学发现妻子和陌生男人用微信聊天后,越发恼火,甚至跑去质问那个男人，男人告诉他，问题不在于妻子，而在于他自己。

同时，武文学一位年轻的同事突然向他表了白，表明了自己的心意，或许是为了赌气，他将同事约到了酒店里，却在等待她的过程中，明白了自己的真正想法。

中年夫妇之间真的没有了爱吗？

婚姻真的会日渐消磨夫妻的情分吗？

真爱到最后会消失殆尽吗？

电影没有给出答案，但武老师最终选择回归家庭，与妻子用好的行动告诉观众：**不要过于计较真爱，婚姻生活日趋平淡，也是一种幸福。**

/ 03 /

电影里，李楠在和老公约定去民政局离婚那天遭遇了光照事件，此后再也联系不上老公了。

李楠怀疑老公被光抓走，彻底消失了，而后老公的情人突然找上她，想让她将老公的踪迹告诉自己，两人在争吵打闹中一同踏上了寻找老公消失真相的旅途。

李楠在寻找真相的过程中，发现自己对老公特别陌生，他们的感情的确走到了尽头，她知道他在外面有人，却不甚在乎，她觉得这是不爱了，却渴望探寻更多老公的线索。

最后李楠得知了老公去世的真相，没有过多的心痛，而是和过往的一切和解了。

老公最初爱上李楠，是因为她足够独立优秀，可后来又嫌弃她没有情趣，他陆陆续续找的情人，各有千秋，却都不是所谓的真爱——李楠绕了一大圈，最后发现，她并不了解老公，她以为他爱过她，实际上他只爱着他自己。

经历了那么多后，李楠突然意识到，那个男人是多么自私，他好像所有人都爱，可实际上，他所有人都不爱，只爱他自己。

在一段感情里，有付出者，也有接受者，一味付出并不代表就能收获真爱，如果你在感情中迷失了自己，便会被虚假的爱情蒙蔽双眼。

/ 04 /

电影里有一段是讲述两个年轻人的爱情故事，女孩不顾父母的反对，偷偷拿了户口本跑去民政局领证结婚，结果被父母拦了下去。

女孩负气之下，跑到天台以跳楼威胁父母，而此时发生了光照事件，父母消失了。在得知消失的人都是真爱这样的结论后，女孩很是诧异，她想不通为什么平时吵架闹得那么凶，动不动还要离婚的父母竟然是真爱，而她和男孩爱得那么轰轰烈烈，却不是真爱。

她明明能做到为了和男孩在一起而跳楼，连死都不怕，不是真爱是什么？

男孩也不懂为什么他们没有消失，他想要说服女孩和他在一起，却被一再无视，最后他选择了最惨烈的方式证明自己的爱——跳楼自杀。

这个故事无疑是荒诞的，但也引人思考：什么样的爱才算是真爱？宁愿付出一切，甚至敢为你去死，就是真爱吗？

有些年轻人追求轰轰烈烈的爱情，赴汤蹈火，奋不顾身，他们爱得热烈，认为平淡的感情就不是真爱。可他们却无法体会真实的婚姻生活，也不知道柴米油盐酱醋茶的平淡有多可贵。

在一段感情里，牺牲自我并不可贵，义无反顾的爱情也并不比平淡似水的生活高贵多少。

关于真爱，每个人都有自己的标准，可谁能判定什么才是所谓的真爱呢？

事实上，爱本就没有统一的标准。

/ 05 /

一项调查数据显示，全球的结婚率已经低于50%，并且还在持续下降。

现在的年轻人为什么越来越不想结婚了？

或许是因为他们太懂爱，却又太不懂爱。

很喜欢电影的最后几分钟，武文学和妻子和解，妻子告诉他自己没和别的男人有关系，而他也承认了之前的错误，两人都对彼此说了"我爱你"，然后一边流着泪一边做菜。

这场很生活化的戏打动了我，没有过多的台词，不矫情，不深刻，却意外地真实，仿佛无数家庭的日常写照：夫妻之间，有矛盾，有争吵，有抱怨，但最后却还是选择接受彼此，在日复一日的平淡生活里，享受柴米油盐的乐趣。

什么是真爱？什么才是好的婚姻？

这些问题没有标准答案，爱情的真相是什么，没有人能完全说明白。

每个人都有自己的答案，每个人向往的爱情都是不一样的。

爱何其简单，又何其复杂，爱不需要像解证明题一样反复求证，也不需要死记硬背公式和法则，而婚姻生活需要两人去经营，只有亲身体会，才会知晓其中的滋味。